Gravitation und Kosmos

Gravitation und Kosmos

Beiträge zu Problemen der Allgemeinen Relativitätstheorie

Herausgegeben von Renate Wahsner

mit Beiträgen von
U. Bleyer, H.-H. v. Borzeszkowski, H. Fuchs,
St. Gottlöber, R.W. John, U. Kasper,
E. Kreisel, D.-E. Liebscher, J. P. Mücket,
V. Müller, R. Wahsner

Mit 4 Abbildungen

Akademie-Verlag Berlin 1988

Der vorliegende Band ist dem Akademiemitglied Prof. Dr. Hans-Jürgen Treder anläßlich seines sechzigsten Geburtstages am 4. September 1988 gewidmet. Die Autoren, nicht nur Schüler, sondern auch langjährige unmittelbare Mitarbeiter des Jubilars, möchten damit ihrem verehrten Lehrer für sein förderndes Interesse an ihrer Arbeit danken und ihrem Respekt vor seiner wissenschaftlichen Leistung Ausdruck geben.

Die Autoren

Inhaltsverzeichnis

Einleitung

> „Ich glaube, daß die Werke der großen Meister eine ständige Quelle von Ideen und neuen Zielstellungen für die aktuelle wissenschaftliche Arbeit sind."
>
> H.-J. Treder

Wie wohl kaum ein anderer Autor hat Hans-Jürgen Treder in seinen Arbeiten hervorgehoben, daß ein physikalisches Verständnis der Allgemeinen Relativitätstheorie sowie ihre Weiterentwicklung vor allem erfordert, die dieser Theorie zugrunde liegenden Prinzipien zu analysieren. Um diesem Anliegen gemäß den epistemologischen Gehalt dieser Prinzipien in einer physikalisch konstruktiven Form zu diskutieren, hat er immer wieder Theorien formuliert, die sich von der Allgemeinen Relativitätstheorie dadurch unterschieden, daß sie entweder eines der grundlegenden Prinzipien dieser Theorie nicht erfüllten oder daß sie einem zusätzlichen, in dieser Theorie nicht befriedigten Prinzip genügten. Diese Vorschläge betrafen zum einen die Gültigkeit des für die Allgemeine Relativitätstheorie grundlegenden Äquivalenzprinzips. Treders 1967 begründete Tetradentheorie und auch seine später (1978) formulierten Gravitationsgleichungen mit sogenannten Kreuztermen waren Modifikationen, die dem starken bzw. sogar schwachen Äquivalenzprinzip nicht genügten. Indem diese von der Einsteinschen Theorie abweichenden Theorien physikalisch meßbare Effekte zu berechnen erlaubten, die nach der Allgemeinen Relativitätstheorie nicht auftreten, ergab sich die Möglichkeit, die Allgemeine Relativitätstheorie experimentell besser zu verifizieren als es durch Untersuchungen innerhalb ihrer selbst möglich wäre. Diese Arbeiten trugen wesentlich dazu bei, die Bedeutung des der Allgemeinen Relativitätstheorie zugrunde liegenden Äquivalenzprinzips und damit den physikalischen Inhalt dieser Theorie besser zu verstehen.

Ähnliche Intentionen sind Treders Untersuchungen inhärent, die das Verhältnis der Allgemeinen Relativitätstheorie zum Machschen bzw. zum Quantenprinzip betreffen. Es handelt sich hierbei um zwei Prinzipien, die von dieser Theorie nicht erfüllt werden, deren Erfüllung aber aus bestimmten physikalischen Gründen gefordert werden sollte oder — wenn dieses nicht möglich ist — deren Nichterfüllung physikalisch verstanden werden sollte. Treder konnte 1972 dem Machschen Prinzip, dessen Erfüllung von Einstein im Anschluß an Mach postuliert, aber nicht mathematisch-physikalisch scharf gefaßt wurde, eine strenge Formulierung geben, die den Intentionen Einsteins sehr nahe kam. Er formulierte eine Mechanik (die von ihm so genannte „trägheitsfreie Mechanik"), die diesem Prinzip genügt, und konnte zeigen, daß die Allgemeine Relativitätstheorie — entgegen den von Einstein bis etwa 1920 gehegten Hoffnungen — dem Machschen Prinzip nicht genügen kann, da es eine globale Formulierung des Äquivalenzprinzips ist, das dem von der Einsteinschen Theorie erfüllten lokalen gewissermaßen komplementär gegenübersteht.

Zu analogen Ergebnissen kam H.-J. Treder auch in seinen Arbeiten über das Verhältnis des Quantenprinzips zur Allgemeinen Relativitätstheorie. Da man im allgemeinen erwartet, daß im Interesse der Vereinheitlichung der Physik die Allgemeine Relativitätstheorie ebenso wie die Elektrodynamik mit dem Quantenprinzip zu vereinigen, also ähnlich wie Maxwells Theorie zu quantisieren ist, klingt seine von ihm durch viele — zum Teil auf Einstein zurückgehende — Argumente gestützt These besonders frappierend. Diese These besagt, daß man die Allgemeine Relativitätstheorie zwar quantisieren kann, daß sie in ihrem Fundament aber jenseits des Gegensatzes von klassischer und quantisierter Theorie liegt.

Treders Arbeiten sind immer — auch dann, wenn sie spezielle physikalische Themen behandeln — auf die Aufklärung des epistemologischen Fundaments der Physik gerichtet. Sie implizieren daher stets Fragen nach dem Verhältnis der Physik zur Mathematik bzw. nach der theoretischen Vorgeschichte physikalischer Grundprobleme.

Dem hier angedeuteten wissenschaftlichen Spektrum Trederscher Arbeiten mit den in diesem Band enthaltenen Untersuchungen voll und ganz Rechnung zu tragen, ist kaum möglich — es ist es keinesfalls unter der Bedingung, daß die Autoren keine Übersichtsartikel, sondern wissenschaftliche Originalarbeiten (eingereicht im August 1986) vorlegen. Allerdings dürften bis auf die Tetradentheorie, die bereits von Treder und vier der hier beteiligten Autoren in dem Sammelband „Gravitationstheorie und Äquivalenzprinzip“ ausführlich behandelt wurde, alle Themenkomplexe angesprochen sein.

Die Beiträge sind thematisch geordnet. Die Darstellung beginnt mit Arbeiten, die dem Verhältnis des Quantenprinzips zur Allgemeinen Relativitätstheorie gewidmet sind. Sie betreffen sowohl die Frage nach dem prinzipiellen Verhältnis von Quanten- und Relativitätstheorie und damit die Bestätigung der oben genannten Trederschen These (Beitrag 1) als auch die sich hinsichtlich der Konstruktion kosmologischer Modelle ergebenden Konsequenzen der Quantengravitation (Beiträge 2 und 3). Obwohl die Theorie der Quantengravitation noch heftig umstritten ist, d. h. die Frage nach dem Verhältnis des Quantenprinzips zur Allgemeinen Relativitätstheorie noch nicht endgültig beantwortet ist, gibt es die Hoffnung, daß die Quantengravitation zumindestens einige der Schwierigkeiten der Einsteinschen Theorie beseitigen könnte. So könnte durch die Quantisierung der Gravitation die in der klassischen Allgemeinen Relativitätstheorie berechnete kosmologische Singularität vermieden werden. Zudem ergibt sich die Möglichkeit, ein Weltmodell zu konstruieren, in dem aufgrund einer sogenannten inflationären Phase der Kosmos „rechtzeitig“ isotropisiert ist, wodurch dieses Modell mit den aus der Hintergrundstrahlung gewonnenen Beobachtungen besser übereinstimmt als die aus der nicht-quantisierten Allgemeinen Relativitätstheorie berechneten Modelle. In Beitrag 2 werden insbesondere die aus der Vakuumpolarisation resultierenden kosmologischen Effekte in Analogie gesetzt zu denen, die sich aus den von Treder vorgeschlagenen Gravitationsgleichungen mit Kreuztermen ergeben. — Wie umstritten das ganze Gebiet der Quantengravitation noch ist, wird durch den Beitrag 4 deutlich, der zeigt, daß es nicht eigentlich der Quantenphysik bedarf, um zu verbesserten kosmologischen Modellen zu gelangen.

Alle diese die Einsteinsche Gravitationstheorie betreffenden Fragen sind besonders diffizil, da der Inhalt der klassischen Allgemeinen Relativitätstheorie selbst noch hinreichend unklar ist. Um diesen Zustand zu überwinden, ist es wichtig, sowohl die Ausbreitung nicht-gravischer Materie in gekrümmten Riemannschen Räumen als auch die physikalische Bedeutung der nichtlinearen klassischen Einsteinschen Gleichungen besser zu verstehen. Spezifischen Aspekten dieser Thematik ist der Beitrag 5 gewidmet, der sich mit dem Einfluß der Gravitation auf die Bewegung von Materiefeldern in vorgegebenen Gravitationsfeldern befaßt, und der Beitrag 6, in dem generelle Seiten des Zusammenhanges von Bewegungs- und (nichtlinearen) Feldgleichungen aufgeklärt werden. Ersterer betrifft gewissermaßen die physikalischen Konsequenzen des schwachen Äquivalenzprinzips, letzterer die des starken Äquivalenzprinzips.

Im Anschluß an von Treder vorgeschlagene Alternativen zur Allgemeinen Relativitätstheorie, die immer voraussetzen, daß ein metrischer Tensor existiert, wird in Beitrag 7 untersucht, ob es eine Feldtheorie ohne primäre Metrik, d. h. ohne lokales Kausalitätsprinzip gibt, eine Feldtheorie also, in der die physikalisch beobachtete Metrizität als dynamischer Effekt induziert werden kann. Die Konstruktion der Metrik müßte sich hiernach aus der Symmetrie des kosmischen Zustands ergeben, wobei die Inhomogenitäten der kosmischen Materieverteilung Störungen der Lorentz-Invarianz bewirken müßten. Derartige mögliche Störungen werden in Beitrag 8 diskutiert. — Die Induktion der Metrizität ist das relativistische Gegenstück zur klassischen Induktion der Trägheit, die von Treder mit seiner der Mach-Einstein-Doktrin genügenden Mechanik modelliert wurde. Sie wird in Beitrag 9 dargestellt und in ihrer Beziehung zur statistischen Mechanik diskutiert.

Treders Arbeiten zum Machschen Prinzip sind, da er die Unitarisierung der Physik niemals als Suche nach einer einzigen kosmologischen Lösung gewisser Gleichungen, die *den* physikalischen Zustand der Welt beschreibt, betrachtet, sondern als Vereinheitlichung physikalischer Prinzipien aufgefaßt hat, nicht gesondert von seinen Beiträgen zur Hermite-symmetrischen (bzw. pseudo-Hermite-symmetrischen) Feldtheorie Einsteins und Schrödingers zu sehen. Der Beitrag 10 beleuchtet einige neuere Entwicklungen auf diesem Gebiet.

Hans-Jürgen Treders Credo könnte in der Losung „Prinzipienphysik, nicht Modellphysik!“ zusammengefaßt werden. Untersuchungen über den epistemologischen Status der Physik, mithin über die Beziehung physikalischer Prinzipien zu den in der jeweiligen physikalischen Theorie verwendeten mathematischen Methoden, über den grundlegenden Unterschied zwischen Physik und Mathematik waren seiner wissenschaftlichen Arbeit daher stets immanent. An diese Untersuchungen schließt der Beitrag 11 an, der anhand einer Analyse des Mathematik- und Physikbegriffs der französischen Aufklärung den grundlegenden epistemologischen Unterschied zwischen den beiden Disziplinen bestimmt und die philosophische Schwierigkeit, die es macht, diese Differenz zu begreifen, charakterisiert.

Horst-Heino v. Borzeszkowski   Renate Wahsner

1. Quantisierung der Gravitation und Äquivalenzprinzip

Von Horst-Heino von Borzeszkowski

Als die Akademie der Wissenschaften im Jahre 1965 aus Anlaß des 50. Jahrestages der Begründung der Allgemeinen Relativitätstheorie das Einstein-Symposium veranstaltete, schien man der Antwort auf die Frage „Wie lassen sich Quantentheorie und Allgemeine Relativitätstheorie vereinigen?" recht nahe zu sein. Die Durchsicht der auf dieser Konferenz gehaltenen Beiträge [1] macht aber auch deutlich, daß sich seinerzeit zwei Parteien im wissenschaftlichen Meinungsstreit gegenüberstanden. Zum einen gab es eine Reihe von Vorträgen, welche die Grundprinzipien von Quanten- und Allgemeiner Relativitätstheorie diskutierten, um damit Hinweise für die Vereinigung beider Theorien zu erhalten. Zum anderen wurde versucht, die Unitarisierung von Quanten- bzw. Elementarteilchenphysik und Allgemeiner Relativitätstheorie durch eine Verallgemeinerung der damals in der Quantenelektrodynamik und Elementarteilchenphysik eine Rolle spielenden Methoden zu vollziehen. Die Vertreter der letztgenannten Richtung vermittelten den Eindruck, man könne die diskutierte Frage demnächst beantworten, während die sich mit Prinzipiendiskussionen mühenden Vorträge in den Augen mancher Quanten- und Elementarteilchenphysiker etwas altmodisch wirkten. Vor allem der schon 1962 nach quantenelektrodynamischem Vorbild von Feynman [2] initiierte Zugang unterstützte diesen Eindruck.

Vergleicht man die heutige Situation mit der damaligen, so läßt sich feststellen, daß die Beziehung von Quantentheorie und Allgemeiner Relativitätstheorie (ART) in den vergangenen 25 Jahren nicht sehr viel klarer geworden ist. Und man kann vermuten: Sie ist auch deshalb noch so unklar, weil die Prinzipiendiskussion nicht zu Ende geführt worden ist. Zwar wurden die in der Quantenelektrodynamik und Elementarteilchenphysik jeweils modernen Methoden immer wieder auf die ART übertragen, aber diese mathematisch oft sehr komplizierte Vorgehensweise hat wenig für die Vereinigung von Quanten- bzw. Elementarteilchenphysik und ART, also für die Begründung der Theorie der Quantengravitation, gebracht. Dies wohl deshalb, weil sie immer (implizit oder explizit) die Ähnlichkeiten von Gravitations- und anderen physikalischen Feldern zu ihrer Leitlinie machte. Die prinzipiellen Unterschiede dieser Felder sind aber so groß, daß dieser Weg von vornherein als problematisch anzusehen ist.

Die notwendige Prinzipiendiskussion hat, soweit sie die ART betrifft, natürlich vorrangig eine Untersuchung der Implikationen des Äquivalenzprinzips für die Quantisierungsfrage zu sein. Schließlich beruht die ART wesentlich auf diesem Prinzip, und ein Zugang, der diese Implikationen umgeht, kann keine grundsätzlichen Aussagen über die Quantengravitation machen. H.-J. Treder hat in seinen Arbeiten zur Quantengravitation gerade auf diesen Punkt wiederholt aufmerksam gemacht [3].

Entsprechend der Struktur der ART zerfällt das gesamte Problem in zwei Teile, wobei das erste Teilproblem vornehmlich mit dem schwachen Äquivalenzprinzip zu tun hat und zur Quantentheorie der Felder in gekrümmten Raum-Zeiten führt, während das zweite das starke Äquivalenzprinzip und damit die Begründung der eigentlichen Theorie der Quantengravitation betrifft (vgl. dazu [5 bis 9]). Dieser Umstand wird deutlich, wenn man z. B. die gekoppelten Einstein-Dirac-Gleichungen diskutiert:

$$i\gamma^\mu \psi_{;\mu} - m\psi = 0, \tag{1}$$

$$R_{\mu\nu} - \frac{1}{2} g_{\mu\nu} R = \varkappa T_{\mu\nu} \tag{2}$$

($T_{\mu\nu}$ ist der Energie-Impuls-Tensor der durch ψ beschriebenen Dirac-Materie).

Gemäß dem schwachen Äquivalenzprinzip wird die Wirkung eines äußeren (vorgegebenen) Gravitationsfeldes auf nicht-gravitative Materie dadurch beschrieben, daß die partiellen Ableitungen in den speziell-relativistischen Feldgleichungen (hier: in der Dirac-Gleichung) durch die kovarianten ersetzt werden (in (1) sind diese durch ein Semikolon symbolisiert). Die Diskussion von quantisierten Feldern vor dem Hintergrund eines äußeren, nicht-quantisierten (also klassischen) Gravitationsfeldes kann natürlich nur als ein Schritt in Richtung auf eine Theorie der Quantengravitation angesehen werden. Dem eigentlichen Problem der Beziehung von Quantentheorie und ART begegnet man erst bei der Diskussion des gekoppelten Systems (1) und (2). Da $T_{\mu\nu}$ der Energie-Impuls-Tensor des quantisierten Dirac-Feldes ist, beschreibt (2) die Rückwirkung des Dirac-Feldes auf das Gravitationsfeld. Es ist damit die Frage zu beantworten, ob die durch die Einsteinschen Gleichungen bestimmten Funktionen $g_{\mu\nu}$ klassische Felder oder quantisierte Felder (also Gravitonen) sind (vgl. dazu die Diskussion in [9]).

Aus der Analogie zur Quantenelektrodynamik könnte man schließen, daß das Gravitationsfeld quantisiert werden muß, daß also die Einsteinschen Gravitationsgleichungen (2) als Operatorgleichungen gelesen werden müssen. Es kann andererseits aber nicht übersehen werden, daß es einen wichtigen Unterschied zwischen ART und Elektrodynamik gibt. Die Einsteinschen Gleichungen sind im Unterschied zu den entsprechenden Gleichungen der Elektrodynamik — den Maxwellschen Gleichungen — nichtlineare partielle Differentialgleichungen. Der Schluß, man könne die ART im wesentlichen genauso wie die Elektrodynamik quantisieren, unterstellt demgemäß, daß dieser Unterschied rein formaler Art, also durch einen genügenden mathematischen Aufwand zu überwinden ist. Dieser optimistischen Denkweise steht aber entgegen, daß die nichtlineare Form des Einstein-Tensors $E_{\mu\nu} \equiv R_{\mu\nu} - \frac{1}{2} g_{\mu\nu} R$ Ausdruck eines Prinzips ist, welches einen fundamentalen physikalischen Unterschied zwischen Elektrodynamik und ART ausmacht. Jene Form ist nämlich eine Folge des starken Äquivalenzprinzips, wonach Gravitationsfelder wiederum Quellen von Gravitationsfeldern sind, wonach Gravitationsfelder nicht nur universell mit nicht-gravischer Materie, sondern auch mit sich selbst wechselwirken [10].

Gerade diese von der ART beschriebene Eigenart der Gravitation begrenzt, wie im folgenden gezeigt werden wird, die Möglichkeit, Gravitationsfelder zu quantisieren. Danach müssen Gravitationsfelder zwar quantisiert werden, um das Gleichungssystem (1) und (2) physikalisch widerspruchsfrei interpretieren zu können. Es treten wegen des starken Äquivalenzprinzips aber Grenzen für die Quantisierung auf, jenseits derer der

Unterschied zwischen quantisierter und klassischer ART physikalisch inhaltsleer ist. Dem Konzept der Gravitonen kommt demgemäß in der Quantengravitation nicht dieselbe fundamentale Bedeutung wie dem der Photonen in der Quantenelektrodynamik zu.

1.1. Quantenmechanik im äußeren Gravitationsfeld

Betrachten wir vorbereitend einige Probleme des Verhaltens von quantisierter (bzw. atomistischer) Materie im äußeren Gravitationsfeld, so können wir unmittelbar an eine Diskussion anschließen, die auf dem Einstein-Symposium von 1965 eine zentrale Rolle spielte. H. Hönl diskutierte dort ein früher von N. Bohr und W. Heisenberg angegebenes Gedankenexperiment und meinte, mittels dieses Experimentes einen Gegensatz zwischen Quantenmechanik und ART nachweisen zu können. Gemäß der Hönlschen Argumentation sollte dieser Widerspruch darin zum Ausdruck kommen, daß nach den Gesetzen der Quantenmechanik Teilchen der Masse m entsprechend ihrer de-Broglie-Wellenlänge

$$\lambda = \frac{h}{mv} \tag{3}$$

(h ist die Plancksche Konstante, m die Masse und v die Geschwindigkeit der Teilchen), also in Abhängigkeit von ihrer Masse an einem Gitter gebeugt werden, während nach der Einsteinschen ART die Bewegung der Teilchen im Gravitationsfeld des Gitters von der Masse der Teilchen unabhängig ist. Das schien einen Widerspruch zwischen der Quantenmechanik und dem (schwachen) Äquivalenzprinzip anzudeuten. L. Rosenfeld konnte 1965 aber sofort zeigen, daß dieser Widerspruch bei einer konsequenten Anwendung der Quantenmechanik einerseits und der ART andererseits nicht entstehen kann.[1])

Mit ähnlichen Argumenten, wie sie Rosenfeld vorbrachte, kann gezeigt werden, daß der von Einstein vermutete Gegensatz zwischen Quantentheorie und ART nicht besteht (vgl. dazu [13]). Einstein hatte bekanntlich mit Hilfe des sogenannten Kastenexperiments nachzuweisen versucht, daß durch die Wirkung eines äußeren Gravitationsfeldes auf ein quantenmechanisch beschriebenes physikalisches System (auf einen mit Strahlung gefüllten Kasten, aus dem ein Photon austritt) Energie- und Zeitmessungen gemacht werden können, die genauer sind als jene, welche die 4. Heisenbergsche Unschärferelation

$$\Delta E \cdot \Delta T \gtrsim h \tag{4}$$

(und damit die Quantenmechanik) zuläßt. H.-J. Treder [14] konnte zeigen, daß die Unschärferelation (4) auch bei der von Einstein vorgeschlagenen Meßanordnung erfüllt ist, da sie nichts mit der Beziehung von Quanten- und Gravitationstheorie zu tun hat. Ein Widerspruch kann demgemäß nicht auftreten.[2])

[1]) H. Hönl [11] hat später eine weitere Variante dieses Gedankenexperiments untersucht. In [12] wurde dargestellt, daß das von Hönl konstruierte Paradoxon bei einer konsequenten Unterscheidung von Potentialstreuung am Gitter und quantenmechanischer Beugung nicht auftritt.

[2]) H.-J. Treder geht damit über die von N. Bohr [13] angegebenen Argumente hinaus, die darauf hinauslaufen, eine gegenseitige Abhängigkeit von Quanten- und Gravitationstheorie zuzugeben, diesen Zusammenhang dann aber entgegen der Einsteinschen Argumentation als widerspruchsfrei nachzuweisen.

Faßt man diese Jahrzehnte währende Diskussion zusammen, so kann man konstatieren (vgl. dazu [9]): Aus dem Verhalten eines Quantensystems in einem äußeren (nichtquantisierten) Gravitationsfeld läßt sich kein Widerspruch zwischen Quantentheorie und ART ableiten. Die Wirkung des äußeren Gravitationsfeldes erweist sich entweder als physikalisch völlig harmlos, so daß die Beziehung von Quanten- und Gravitationstheorie in diesen Gedankenexperimenten gar nicht angesprochen wird, oder — und das wurde von Rosenfeld 1965 auch gezeigt —[1]) die durch solche Überlegungen konstruierbaren Gegensätze treten in einem Gebiet auf, das durch die Heisenbergschen Unschärferelationen von der physikalischen Betrachtung ausgeschlossen ist. Die Unschärferelationen garantieren also nicht nur, daß es zu keinem Widerspruch innerhalb der Quantentheorie (d. h. zwischen Wellen- und Teilchenbild) kommt, sondern auch, daß Quantentheorie und schwaches Äquivalenzprinzip (das in der ART die Wirkung eines äußeren Gravitationsfeldes auf ein physikalisches System bestimmt) miteinander verträglich sind.

Dieses physikalisch positive Resultat hat allerdings auch einen „methodisch negativen" Aspekt. Es macht nämlich deutlich, daß die Analyse quantenmechanisch beschriebener Systeme im äußeren Gravitationsfeld, also die Analyse des Verhältnisses von Quantentheorie und schwachem Äquivalenzprinzip, noch keinen konstruktiven Ansatz für die Verschmelzung von Quantentheorie und ART liefern kann. — Nicht sehr viel weiter kommt man bei der Lösung dieses Problems, wenn man Quantenfelder, etwa die Diracschen Gleichungen (1), im vorgegebenen äußeren Gravitationsfeld untersucht. Derartige Untersuchungen tragen allerdings dazu bei, gewisse Formalismen auszuarbeiten, die bei der Quantisierung der Gravitation hilfreich sein könnten. Sie deuten zudem auch auf technische und inhaltliche Schwierigkeiten hin, denen man bei der Begründung der eigentlichen Quantengravitation begegnen wird (vgl. dazu [15]).

1.2. Bemerkungen zur Quantisierung der Einsteinschen Gleichungen

Die meisten Autoren, die die durch die Einsteinschen Gleichungen bestimmten Gravitationsfelder zu quantisieren suchen, machen zwei Voraussetzungen:

(a) Um das stark nichtlineare Gleichungssystem (2) behandeln zu können, werden Situationen diskutiert, in denen eine Linearisierung der linken Seite dieser Gleichungen möglich ist. Das geschieht z. B. dadurch, daß man asymptotisch flache Räume untersucht, so daß man die üblichen Methoden der (linearen) Quantenelektrodynamik zumindest in den asymptotischen Bereichen anwenden kann, oder dadurch, daß man voraussetzt, daß die Gravitationsfelder schwach und niederfrequent sind, wodurch die Gleichungen der ART näherungsweise als lineare Gleichungen behandelt werden können. (Partiell sind beide Methoden identisch.)

(b) Das Gleichungssystem (2) wird unter der Voraussetzung $T_{\mu\nu} \neq 0$ diskutiert; es werden also von vornherein Gravitationsfelder untersucht, die an Elektronen oder andere Elementarteilchen gekoppelt sind.

Beide Voraussetzungen sind höchst problematisch. Die Bedenken gegen Linearisierungsprozeduren werden exemplarisch deutlich, wenn man die sogenannte Hintergrund-Methode der Quantisierung [5, 6, 16] analysiert. Gemäß dieser Methode wird die Metrik

[1]) Vgl. dazu auch [12].

$g_{\mu\nu}$ der Raum-Zeit in eine klassische Hintergrund-Metrik $g^c_{\mu\nu}$ und in eine Quantenkorrektur $\varphi_{\mu\nu}$ zerlegt:

$$g_{\mu\nu} = g^c_{\mu\nu} + \varphi_{\mu\nu}, \tag{5}$$

wobei angenommen wird, daß $g^c_{\mu\nu}$ eine Lösung der Einsteinschen Gleichungen

$$R_{\alpha\beta}(g^c_{\mu\nu}) = 0 \tag{6}$$

ist. (Der Einfachheit wegen wollen wir hier annehmen, daß keine nicht-gravitativen Materiefelder vorhanden sind.) Es ist nun natürlich nicht die Aufspaltung (5), sondern die Voraussetzung (6), die eine Linearisierung der Einsteinschen Gleichungen

$$R_{\alpha\beta}(g_{\mu\nu}) = 0 \tag{7}$$

bewirkt. Denn nimmt man insbesondere an, daß

$$\varphi_{\mu\nu} = \varepsilon h_{\mu\nu} \tag{8}$$

eine kleine Störung ist, deren Größenordnung gegenüber $g^c_{\mu\nu}$ durch die Relationen

$$g^c_{\mu\nu} = O(1), \qquad h_{\mu\nu} = O(1), \qquad \varepsilon \ll 1 \tag{9}$$

bestimmt ist, so erhält man für (7) die Entwicklung

$$R_{\alpha\beta}(g^c_{\mu\nu} + \varepsilon h_{\mu\nu}) = R_{\alpha\beta}(g^c_{\mu\nu}) + \varepsilon R^{(1)}_{\alpha\beta}(h_{\mu\nu}) + \varepsilon^2 R^{(2)}_{\alpha\beta}(h_{\mu\nu}) + \cdots = 0. \tag{10}$$

Daß die Beziehung (7) keine Folge von (10) ist, sondern eine Voraussetzung, die (10) bzw. (7) stark linearisiert, erkennt man, wenn man den Fall einer im Vergleich zu $g^c_{\mu\nu}$ hochfrequenten Quantenkorrektur $h_{\mu\nu}$ betrachtet, also annimmt, daß

$$\partial g^c_{\mu\nu} = O\left(\frac{(|g^c_{\mu\nu}|}{L}\right), \qquad \partial h_{\mu\nu} = O\left(\frac{|h_{\mu\nu}|}{\lambda}\right), \tag{11a}$$

$$\lambda \ll L. \tag{11b}$$

(L ist eine charakteristische Länge für die Änderung von $g^c_{\mu\nu}$ und λ eine charakteristische Länge, längs der sich $h_{\mu\nu}$ signifikant ändert.) Man sieht nämlich, daß für $\varepsilon \approx \lambda/L$ der Term $R_{\alpha\beta}(g^c_{\mu\nu})$ von derselben Größenordnung wie $R_{\alpha\beta}(h^c_{\mu\nu})$ wird, so daß gilt:

$$R_{\alpha\beta}(g^c_{\mu\nu}) \neq 0. \tag{12}$$

Die im Falle hochfrequenter Quantenfelder $h_{\mu\nu}$ auftretende Rückwirkung ist eine Folge der Nichtlinearität des Einstein-Tensors bzw. der Einsteinschen Gleichungen. Die Voraussetzung (6) bedeutet eine Linearisierung der Einsteinschen Gleichungen, die alle Betrachtungen auf das Gebiet niederfrequenter Quantenkorrekturen beschränkt. Die eigentlich interessanten ART-Bereiche, für die das starke Äquivalenzprinzip und damit die Nichtlinearität der ART charakteristisch ist, werden also durch die übliche Hintergrund-Methode von der Betrachtung ausgeschlossen [17].

Der von Feynman [2] vorgeschlagene Zugang zur Theorie der Quantengravitation benutzt übrigens gerade diese Methode, wobei zudem noch angenommen wird, daß $g^c_{\mu\nu}$

durch die Minkowski-Metrik $\eta_{\mu\nu}$ gegeben ist. Geht man mit dem Feynmanschen Ansatz in die Einstein-Hilbertsche Lagrange-Funktion ein, so erhält man eine stark nichtlineare Wechselwirkung zwischen sich im Minkowski-Raum ausbreitenden masselosen Spin-2-Gravitonen (d. h. Darstellungen der mit der Hintergrund-Metrik $\eta_{\mu\nu}$ verbundenen Poincaré-Gruppe). Gegen diesen Zugang lassen sich natürlich die o. g. Einwände erheben. Die auftretende nichtlineare Wechselwirkung ist nur ein Relikt der starken Nichtlinearität der ART.

Die Voraussetzung (b) wurde schon im Rahmen der Quantenelektrodynamik sowohl von Planck [18] als auch von Bohr und Rosenfeld [19] kritisch beleuchtet. M. Planck fragte 1927, ob die Lichtquanten physikalische Realität hätten oder ob die Bedeutung derselben lediglich auf die Wechselwirkung zwischen Strahlung und Materie, also auf die Vorgänge der Emission und Absorption von Strahlung zu beschränken sei. Um diese Frage zu beantworten, gab er daher auf Einstein zurückgehende Argumente an, die das reine Vakuumfeld betreffen. Sie zeigten, daß dem elektromagnetischen Vakuumfeld Photonen zugeordnet werden müssen, diese also physikalische Realität besitzen. Ähnlich argumentierten N. Bohr und L. Rosenfeld, indem sie hervorhoben, daß die Frage, ob die Quantenelektrodynamik zu meßbaren Effekten führt, die sie physikalisch von der nicht-quantisierten (klassischen) Elektrodynamik unterscheidet, anhand der Diskussion der Vakuum-Quantenelektrodynamik entschieden werden sollte. Eine Diskussion der Maxwellschen Gleichungen mit Quellterm (z. B. einem Elektronenstrom) verquicke nämlich die Frage nach der physikalischen Realität quantisierter elektromagnetischer Felder (bzw. der Lichtquanten) mit der der „atomistischen“ Struktur der Feldquellen.

Bohr und Rosenfeld klärten in ihrer Arbeit zudem ein Problem, das Planck [18] in diesem Zusammenhang ebenfalls aufgeworfen hatte. Planck verwies nämlich darauf, daß die Frage nach der physikalischen Realität der Lichtquanten nur „im engsten Anschluß an die Tatsachen der Erfahrung“ gefunden werden kann, d. h., daß wir „in letzter Linie immer nur die Wirkungen des elektromagnetischen Feldes auf die Meßinstrumente, niemals aber das elektromagnetische Feld selbst beobachten“. Auf den ersten Blick scheint es daher doch nur sinnvoll zu sein, die Bedeutung der Lichtquanten auf die Wechselwirkung von Strahlung und Materie zu beziehen. Bohr und Rosenfeld zeigten aber, daß die Wirkung eines Feldes auf ein Meßgerät grundsätzlich von der Wechselwirkung unterschieden werden muß, die von den Maxwellschen Gleichungen mit felderzeugendem Strom zusammen mit dem Lorentzschen Kraftausdruck für die Wirkung eines Feldes auf Ladungen beschrieben wird. Um nämlich zu garantieren, daß es sich um die Wirkung eines Feldes auf ein Meßgerät handelt, müssen gewisse Zusatzbedingungen erfüllt sein. Diese besagen vor allem, daß die Struktur des Meßkörpers (z. B. die Struktur einer Probeladung, durch deren Impulsänderung die Stärke eines einwirkenden Feldes gemessen wird) als klassisch im Sinne der klassischen Mechanik und Elektrostatik vorausgesetzt werden muß. Die Verlagerung dq des Meßkörpers bzw. dessen Impulsänderung dp muß dagegen als den Gesetzen der Quantenmechanik genügend angesehen werden. Die Meßbarkeit von dq und dp ist insbesondere durch die Heisenbergsche Unschärferelation

$$\Delta q \cdot \Delta p \gtrapprox h \tag{13}$$

begrenzt (vgl. dazu auch [9]). Bohr und Rosenfeld konnten in [19] zeigen, daß aufgrund der von ihnen angegebenen Postulate einer Theorie der Quantenmessung tatsächlich

Quanteneffekte des elektromagnetischen Vakuumfeldes gemessen werden können, den Lichtquanten also physikalische Realität zukommt.[1])

Geht man nun nicht von dem Vorurteil aus, daß die Gravitonen physikalische Realität besitzen (und daß das Verhältnis von Quantenphysik und ART demgemäß genauso aussähe wie das von Quantenphysik und Elektrodynamik), sondern fragt man, *ob* die Gravitonen physikalisch real sind, so dürfte es hilfreich sein, die von Planck, Bohr, Rosenfeld u. a. für die Quantenelektrodynamik durchgeführte Diskussion zu wiederholen. Das heißt dann insbesondere, die Voraussetzungen (a) und (b) nicht zu machen, sondern die Einsteinschen Vakuumfeldgleichungen (7) zu diskutieren, ohne sie dabei „allzu stark" zu linearisieren.

Im folgenden werden wir daher in Analogie zur Planckschen Vorgehensweise [18] einige thermodynamische Argumente angeben, die zeigen, daß den Lösungen der Einsteinschen Gleichungen nicht auf der ganzen Frequenzskala Gravitonen zugeordnet werden können. (Für andere ebenfalls in diese Richtung weisende Argumente vgl. [9] und [22].)

1.3. Grenzen des Gravitonen-Konzeptes

Nimmt man gemäß der Hintergrund-Methode der Quantisierung an, daß die Metrik — wie in (5) und (8) angezeigt — zerlegt ist, so beschreibt das Feld $h_{\mu\nu}$ masselose Feldquanten des Spins 2 (vgl. z. B. [23]). Im thermodynamischen Gleichgewicht müssen die stationären Zustände $|\Omega\rangle$ dieses Feldes, die der Beziehung $H\,|\Omega\rangle = \Omega\,|\Omega\rangle$ genügen (H ist der Hamilton-Operator), demgemäß entsprechend der Formel

$$n = \frac{1}{e^{\Omega/T} - 1} \tag{14}$$

besetzt sein, bzw. die spektrale Dichte des Feldes $h_{\mu\nu}$ muß durch die Plancksche Verteilung

$$\varrho = \frac{8\pi h\nu^3}{c^3}\,\frac{1}{e^{h\nu/kT} - 1} \tag{15}$$

gegeben sein. Wir wollen nun fragen, ob sich diese Dichteverteilung (ebenso wie im Falle des elektromagnetischen Spin-1-Feldes) einstellen kann bzw. ob die Dichteverteilung gegenüber gravitativen Fluktuationen stabil ist.

Wie von Einstein [24] gezeigt wurde, kann man die Stabilität der Verteilung (15) durch den Parameter

$$\xi = \frac{\langle e^2\rangle}{\langle E\rangle^2} \tag{16}$$

charakterisieren, wobei

$$\langle E\rangle = \frac{\int\limits_0^\infty E\, e^{-\beta E} w(E)\, dE}{\int\limits_0^\infty e^{-\beta E} w(E)\, dE}, \qquad \beta = \frac{1}{kT}, \tag{17}$$

---

[1]) Für eine ausführliche Diskussion der Bohr-Rosenfeld-Argumente und der epistemologischen Problematik meßtheoretischer Voraussetzungen vgl. [21].

die (15) entsprechende Gleichgewichtsenergie bezeichnet ($w(E)$ ist die Dichte der Zustände mit der Energie E), während

$$\langle e^2 \rangle = \langle (E - \langle E \rangle)^2 \rangle \tag{18}$$

die mittlere quadratische Energiefluktuation angibt. $\langle e^2 \rangle$ im Vergleich zu $\langle E \rangle^2$ bzw. ξ ist ein Maß für die thermische Stabilität des Systems. Für $\langle e^2 \rangle \approx \langle E \rangle^2$, d. h. für $\xi \approx 1$, wird das System instabil. Unter Verwendung der in [24] abgeleiteten Formel

$$\langle e^2 \rangle = -\frac{\partial \langle E \rangle}{\partial \beta} = kT^2 \frac{\partial \langle E \rangle}{\partial T} \tag{19}$$

erhält man für $\langle e^2 \rangle$ (vgl. [25])

$$\langle e^2(\nu, T) \rangle = \left(h\nu\varrho + \frac{c^3}{8\pi\nu^2} \varrho^2 \right) v \, \mathrm{d}\nu . \tag{20}$$

(Einstein betrachtete bei dieser Ableitung bekanntlich ein kleines Teilvolumen v des mit schwarzer Strahlung gefüllten Hohlraumes und nahm an, daß dieses von Wänden umgeben ist, die nur für Frequenzen innerhalb des Intervalls $\langle \nu, \nu + \mathrm{d}\nu \rangle$ durchlässig sind, so daß in (19) $\langle E \rangle$ durch $\varrho v \, \mathrm{d}\nu$ ersetzt werden kann.)

Nehmen wir nun einmal an, es gäbe gravitative schwarze Strahlung, und wenden wir demgemäß die obige Formel auf diesen Fall an. Dann erhält man allgemein für ξ

$$\xi = \frac{\left(h\nu\varrho + \frac{c^3}{8\pi\nu^2} \right) v \, \mathrm{d}\nu}{\varrho^2 v^2 \, \mathrm{d}\nu^2} = \frac{h\nu + \frac{c^3}{8\pi\nu^2} \varrho}{\varrho v \, \mathrm{d}\nu} . \tag{21}$$

Beschränkt man sich auf dasjenige Gebiet der Strahlung, für das

$$h\nu \gg \frac{c^3}{8\pi\nu^2} \varrho \tag{22a}$$

(„Wiensches Gebiet"), so ist (21) durch den Ausdruck

$$\xi = \frac{h\nu}{\varrho v \, \mathrm{d}\nu} \tag{22b}$$

zu ersetzen.

Im Falle rein größenordnungsmäßiger Betrachtungen kann man in (21)

$$\varrho \, \mathrm{d}\nu \approx \frac{c^4}{G} \frac{\varepsilon^2}{\lambda^2} \tag{23}$$

setzen, da $c^4\varepsilon^2/G\lambda^2$ die Energiedichte des Feldes $\varphi_{\mu\nu} = \varepsilon h_{\mu\nu}$ angibt (c bezeichnet wieder die Vakuum-Lichtgeschwindigkeit, G die Newtonsche Gravitationskonstante, ε den kleinen Parameter in (8) und λ die charakteristische Länge, längs der sich $h_{\mu\nu}$ signifikant ändert). Es kann daher gemäß (22) ξ in der Form

$$\xi = \frac{l_\mathrm{P}^2 \lambda}{\varepsilon^2} \frac{1}{L_0^3} \tag{24}$$

geschrieben werden, wobei $l_\mathrm{P} = (hG/c^3)^{1/2}$ die Plancksche Länge ist und $v \approx L_0^3$ gesetzt wurde.

Die Größenordnung von ξ soll nun in drei unterschiedlichen Fällen diskutiert werden:

(1) $\lambda/L \gg \varepsilon$: In diesem Falle ist das quantisierte Feld $h_{\mu\nu}$ langwellig, und $R_{\alpha\beta}(g^{c}_{\mu\nu})$ ist in 1. Näherung gleich Null, da alle Terme $\varepsilon^{i} R^{(i)}_{\alpha\beta}(h_{\mu\nu})$ in (10) von höherer Ordnung als $R_{\alpha\beta}(g^{c}_{\mu\nu})$ sind. Man befindet sich damit in einer mit der Hintergrund-Methode gut zu behandelnden Situation. Die Nichtlinearität der Einsteinschen Gleichungen spielt hier keine große Rolle. Das Feld $h_{\mu\nu}$ kann als sich vor dem gegebenen (von $h_{\mu\nu}$ unbeeinflußten) Hintergrund ausbreitend angesehen werden. ξ ist dann durch (21) bestimmt und im allgemeinen so klein, daß die durch (15) gegebene Verteilung und der Terminus „Gravitonen" näherungsweise verwendet werden kann.
(2) $\varepsilon \gg \lambda/L$: Hier ist $R_{\alpha\beta}(g^{c}_{\mu\nu}) \ll \varepsilon^2 R^{(2)}_{\alpha\beta}(h_{\mu\nu})$. Das Feld $h_{\mu\nu}$ ist in diesem Falle so hochfrequent, daß die Feldgleichungen überhaupt keine Hintergrund-Methode mehr anzuwenden erlauben. In diesem Gebiet läßt sich weder ϱ noch $\langle e^2 \rangle$ sinnvoll definieren.
(3) $\varepsilon \approx \lambda/L$: In diesem Bereich sind die Felder $h_{\mu\nu}$ wegen (9) und (11 b) zwar hochfrequent, der Hintergrund $g^{c}_{\mu\nu}$ wird dadurch aber nicht zerstört. Er wird vielmehr durch $\varepsilon^2 R^{(2)}_{\alpha\beta}(h_{\mu\nu})$ bestimmt (vgl. [26, 27]). — Wählt man ε nun so, daß die Strahlung auch im Sinne der Theorie der schwarzen Strahlung hochfrequent ist, d. h. so, daß (22 a) erfüllt ist, so folgt mit (23)

$$\lambda \ll (l_{\mathrm{P}} L)^{\frac{1}{2}} . \tag{25}$$

Andererseits liefert die Forderung der Stabilität des thermischen Gleichgewichts wegen (24) und $\varepsilon = \lambda/L$

$$\xi = \frac{1}{L_0{}^3} \frac{(l_{\mathrm{P}} L)^2}{\lambda} < 1 \tag{26 a}$$

bzw.

$$\frac{1}{L_0{}^3} (l_{\mathrm{P}} L)^2 < \lambda . \tag{26 b}$$

Der Vergleich von (25) und (26) zeigt, daß ein stabiles thermodynamisches Gleichgewicht nur für Wellenlängen

$$\frac{1}{L_0{}^3} (l_{\mathrm{P}} L)^2 < \lambda \ll (l_{\mathrm{P}} L)^{\frac{1}{2}} \tag{27}$$

existieren kann. Daraus folgt insbesondere, daß L_0 viel größer als $(l_{\mathrm{P}} L)^{\frac{1}{2}}$ gewählt werden muß:

$$L_0 \gg (l_{\mathrm{P}} L)^{\frac{1}{2}} . \tag{28}$$

Man kann sich aber nun leicht davon überzeugen, daß bei dieser Wahl von L_0 der Hintergrund $g^{c}_{\mu\nu}$ die Messung von $h_{\mu\nu}$ derart stört, daß keine sinnvollen Messungen von Quantenfeldeffekten mehr durchgeführt werden können [20]. In der Tat, betrachtet man Messungen des „Gravitationspotentials" $h_{\mu\nu}$, so ist die Meßgenauigkeit $\Delta h_{\mu\nu}$ durch die Beziehung

$$\Delta h = \Delta h(0) + \alpha \frac{L_0{}^2}{L^2} \tag{29}$$

gegeben. Der erste Term gibt dabei die Ungenauigkeit der Messung des Feldes $h_{\mu\nu}$ in der Nähe eines Punktes 0 an, die nach Rosenfeld (in [1]) gemäß der Quantentheorie der Felder (bzw. der Theorie der Quantenmessung) auftritt und

$$\Delta h(0) \approx \frac{l_P^2}{L_0^2} \tag{30}$$

beträgt. Der zweite Term folgt aus der Krümmung des Hintergrundes und ist durch L_0 und L bestimmt (α ist ein Faktor von der Größenordnung 1). Man muß also einerseits L_0 genügend groß machen, um die Quantenunschärfe (30) klein zu halten, andererseits muß L_0 genügend klein sein, um die Störung durch den Untergrund zu minimieren. Eine optimale Messung (Δh hat dann ein Minimum) ist für

$$L_0 = \Lambda = (l_P L)^{\frac{1}{2}} \tag{31}$$

möglich. Die Bedingung (28) zerstört mithin jede sinnvolle Meßmöglichkeit.

Diesen Abschnitt zusammenfassend, läßt sich also feststellen, daß es niederfrequente Gebiete gibt, in denen sowohl die Hintergrund-Methode der Quantisierung angewandt werden kann als auch von Gravitonen bzw. von deren Verteilung nach dem Planckschen Gesetz gesprochen werden kann. Dieses Konzept verliert jedoch für hohe Frequenzen seinen Sinn, es beschreibt nur eine Näherung der ART. Im allgemeinen existiert keine stabile Gravitonenverteilung. Planck folgend muß man also konstatieren, daß die Gravitonen nicht in demselben Sinne physikalisch real sind wie die Lichtquanten.

1.4. Schlußbemerkungen

Man sieht, daß es keinen Widerspruch zwischen dem schwachen Äquivalenzprinzip und der Quantentheorie gibt. Anders verhält es sich aber mit der Beziehung von starkem Äquivalenzprinzip und Quantentheorie, jener Beziehung also, die für das Problem der Quantisierung der Gravitationsfelder entscheidend ist.

Gravitationsfelder müssen quantisiert werden, um ihre Wechselwirkung mit quantisierten nicht-gravitativen Feldern in konsistenter Weise beschreiben zu können. Diese Quantisierung kann und muß z. B. in Gebieten schwacher und niederfrequenter Gravitationsfelder durchgeführt werden. In diesen Gebieten hat es dann auch einen Sinn, von Gravitonen zu sprechen. Die Quantisierung der ART bzw. das Gravitonenkonzept hat jedoch für starke und (oder) hochfrequente Felder keine Bedeutung. In dem Maße, in dem die Nichtlinearität der Einsteinschen Gleichungen und damit das starke Äquivalenzprinzip wichtig wird, verliert das Quantisierungs- bzw. Gravitonenkonzept seine Bedeutung. Starkes Äquivalenzprinzip und Quantenprinzip sind im allgemeinen nicht miteinander verträglich. Dies äußert sich z. B. im Auftreten der „Abschneidlänge" $\frac{1}{L_0^3}(l_P L)^2$ bzw. $(l_P L)^{\frac{1}{2}} \gg l_P$. Die Plancksche Länge l_P erweist sich als letzte (absolute) Grenze für die Verträglichkeit dieser Prinzipien. Die Planckschen Größen kennzeichnen also nicht das Gebiet, in dem Quanteneffekte der Gravitation auftreten, sondern den

Bereich, in dem es physikalisch endgültig sinnlos wird, von der Quantisierung der Gravitation zu sprechen.[1])

Die Riemannsche Geometrie — wird mitunter gesagt — sei zwar die Sprache, in der die ART erstmals formuliert worden ist, man könne aber den gesamten physikalischen Gehalt der ART auch in der Sprache der Elementarteilchenphysik ausdrücken. Entsprechend dem oben Dargestellten scheint es aber vielmehr so zu sein, daß die Sprache der Elementarteilchenphysik in gewissen Näherungen der ART nützlich oder gar notwendig ist, daß sie aber in den ART-typischen Gebieten nicht verwandt werden kann. Wenn es um den eigentlichen physikalischen Inhalt der ART geht, dann ist die Riemannsche Geometrie nicht nur eine Sprechweise, sondern die einzig mögliche Denkweise.

Literatur

[1] TREDER, H.-J. (Hrsg.): Entstehung, Entwicklung und Perspektiven der Einsteinschen Gravitationstheorie. Berlin: Akademie-Verlag 1966; siehe auch: TREDER, H.-J. (Hrsg.): Gravitationstheorie und Theorie der Elementarteilchen (Wiederabdruck ausgewählter Beiträge des Einstein-Symposiums 1965 in Berlin). Berlin: Akademie-Verlag 1979.

[2] FEYNMAN, R. P.: Acta Phys. Polon. **XXIV** (1963) 697.

[3] TREDER, H.-J.: Gravitonen. Fortschr. Phys. **11** (1963) 81; On the Problem of Physical Meaning of Quantization of Gravitational Fields. In: DE FINIS, F. (Hrsg.): Relativity, Quanta and Cosmology. New York, San Francisco, London: Johnson Reprint Coop. 1979.

[4] BIRELL, N. D.; DAVIES, P. C. W.: Quantum Fields in Curved Space. Cambridge etc.: Cambridge Univ. Press 1982.

[5] DEWITT, B. S.: The Quantization of Geometry. In: Witten, L. (Hrsg.): Gravitation. New York, London: John Wiley and Sons 1962.

[6] DEWITT, B. S.: Dynamical Theory of Groups and Fields. In: DEWITT, C.; DEWITT. B. S. (Hrsg.): Relativity, Groups and Topology. London, Glasgow: Blackie and Sons 1964.

[7] ISHAM, C. Y.; PENROSE, R.; SCIAMA, D. W. (Hrsg.): Quantum Gravity. Oxford: Clarendon Press 1975.

[8] ASTHEKAR, A.: Quantum Gravity. In: BERTOTTI, B.; DE FELICE, F.; PASCOLINI, A. (Hrsg.): Proceedings of GR 10. Dordrecht, etc.: D. Reidel 1983.

[9] V. BORZESZKOWSKI, H.-H.; TREDER, H.-J.: The Meaning of Quantum Gravity. Dordrecht, etc.: D. Reidel 1988.

[10] TREDER, H.-J.; V. BORZESZKOWSKI, H.-H.; VAN DER MERWE, A.; YOURGRAU, W.: Fundamental Principles of General Relativity Theories. New York, London: Plenum Press 1980.

[11] HÖNL, H.: Phys. Blätter **37** (1981) 25.

[12] V. BORZESZKOWSKI, H.-H.; TREDER, H.-J.: Found. Phys. **12** (1982) 413.

[13] BOHR, N.: Diskussion mit Einstein über erkenntnistheoretische Probleme in der Atomphysik. In: SCHILPP, P. A. (Hrsg.): Albert Einstein als Philosoph und Naturforscher. Stuttgart: W. Kohlhammer 1955.

[14] TREDER, H.-J.: The Einstein-Bohr Box Experiment. In: YOURGRAU, W.; VAN DER MERWE, A. (Hrsg.): Perspectives in Quantum Theory. Cambridge Mass.: MIT Press 1971.

[15] ISHAM, C. J.: An Introduction to Quantum Gravity. In [7].

[16] DEWITT, B. S.: Phys. Rev. **162** (1967) 1195; **162** (1967) 1239.

[17] V. BORZESZKOWSKI, H.-H.: Found. Phys. **12** (1982) 633.

[18] PLANCK, M.: Naturwiss. **15** (1927) 529.

---

[1]) Der epistemologische Grund dafür ist darin zu sehen, daß die Raum-Zeit in der Physik quasiapriorisch bestimmt werden muß [28]. Die Raum-Zeit kann daher nicht wie ein übliches physikalisches Feld behandelt werden, ohne den physikalischen Charakter der Theorie zu zerstören.

[19] Bohr, N.; Rosenfeld, L.: Zur Frage der Meßbarkeit der elektromagnetischen Feldgrößen. Det Kgl. Danske Vidensk. Selskab., Math.-fys. Medd. **XII**, No. 8. Kopenhagen: Levin & Munksgaard 1933.
[20] v. Borzeszkowski, H.-H.; Treder, H.-J.: Found. Phys. **12** (1982) 1113.
[21] v. Borzeszkowski, H.-H.; Wahsner, R.: Found. Phys. **14** (1984) 653; Physikalischer Dualismus und dialektischer Widerspruch. Studien zum physikalischen Bewegungsbegriff. Darmstadt: Wissenschaftliche Buchgesellschaft 1988.
[22] v. Borzeszkowski, H.-H.: Astron. Nachr. **307** (1986) 277.
[23] Weinberg, S.: Gravitation and Cosmology. New York etc.: John Wiley and Sons 1972.
[24] Einstein, A.: Annalen der Physik **14** (1904) 354.
[25] Einstein, A.: Phys. Zeitschr. **10** (1909) 185; **10** (1909) 817.
[26] Brill, D.; Hartle, J. B.: Phys. Rev. **B135** (1964) 271.
[27] Isaacson, R. A.: Phys. Rev. **166** (1967) 1263, 1227.
[28] v. Borzeszkowski, H.-H.; Wahsner, R.: Dt. Zs. Phil. **27** (1979) 213.

2. Zum Einfluß von Vakuumpolarisation und nicht-minimaler Kopplung auf die kosmologische Entwicklung

Von Volker Müller

Das Auftreten von Singularitäten in den Lösungen der Einsteinschen Gleichungen wurde bereits frühzeitig als ein Grundproblem der Gravitationstheorie erkannt. Es weist sowohl auf die Gültigkeitsgrenzen der Theorie als auch auf die spezifische Eigenschaft der Gravitationswechselwirkung hin, nur positive Ladungen zu kennen und aufgrund des Äquivalenzprinzips auf jede Form von Energie zu wirken. Die Anstrengungen zur Verallgemeinerung der Grundlagen oder zur Einbeziehung anderer Feldtheorien in einen die Gravitation einschließenden Rahmen werden dabei stets auch an der Möglichkeit zur Lösung der Singularitätsproblematik gemessen [1]. Antrieb für derartige Weiterentwicklungen ist vor allem die Frage nach dem Bezug der klassischen Allgemeinen Relativitätstheorie zu den quantisierten Eichtheorien der übrigen Wechselwirkungen, wobei naturgemäß sowohl nach einer Theorie der Quantengravitation als auch nach der Kopplung der gravischen mit den nicht-gravischen Wechselwirkungen gefragt wird [2]. Dabei ist die erste Aufgabe gegenwärtig durchaus noch offen, und es gibt prinzipielle Bedenken, ob Quanteneffekte der Gravitation physikalisch meßbar sind [3, 4].[1]) Andererseits legen das Äquivalenzprinzip und seine gute empirische Bestätigung das Fundament zur Vorschrift der minimalen Kopplung: Im Gravitationsfeld gelten die Materiefeldgleichungen in explizit kovariant geschriebener Form.

Bei der Vereinheitlichung verschiedener Wechselwirkungen und der Frage der Beziehung von Gravitations- und Quantentheorie sind in den letzten Jahren beträchtliche Fortschritte erzielt worden. Treder [5] verweist auf zwei verschiedene Modifikationen der Allgemeinen Relativitätstheorie, die im Zusammenhang damit naheliegen, ohne daß die metrische Struktur der Gravitationstheorie verlassen oder erweitert wird. Zunächst wird eine Ergänzung der Einstein-Hilbertschen Lagrange-Funktion durch quadratische Invarianten des Krümmungstensors ins Auge gefaßt. Dabei erscheint die Struktur der Vakuumfeldtheorie bereichert, es ergeben sich Gleichungen 4. Ordnung in der Metrik. Die Ansätze von Krümmungsquadraten in der Wirkung gehen auf Weyl, Bach und Lanczos zurück. Später wurde deutlich, daß für den Anschluß an die Quellen des Gravitationsfeldes die kombinierte Einstein-Hilbertsche und Bach-Weylsche Wirkung benötigt wird [6, 7]. Demzufolge muß die Theorie eine zusätzliche Kopplungskonstante von der Dimension einer Länge enthalten, für die allgemein die Planck-Länge $L_P = (\hbar G/c^3)^{1/2}$ angesetzt wird. Spezielle Bedeutung erhalten die Krümmungsquadrate durch ihre Identifizierung mit Effekten der Vakuumpolarisation quantisierter

---

[1]) Vgl. in diesem Band: H.-H. v. Borzeszkowski: Quantisierung der Gravitation und Äquivalenzprinzip.

Materiefelder als Quellen für makroskopische oder quasi-klassische Gravitationsfelder (DeWitt [8]).

Als Alternative zu abgeänderten Vakuumfeldgleichungen wird in [5] unter Bezug auf die klassischen Ansätze für unitäre Feldtheorien von Einstein, Eddington und Schrödinger eine nicht-minimale Kopplung des Gravitationsfeldes mit den Materiefeldern propagiert. Die direkte Proportionalität von Einstein- und Energie-Impuls-Tensor in den Feldgleichungen ist dabei durch zusätzliche Kreuzterme zwischen beiden Größen gebrochen. Solche Ansätze beeinträchtigen nicht die Gültigkeit der Materiefeldgleichungen im Minkowski-Raum, können jedoch die Gravodynamik für endliche Energiedichten modifizieren und so die dynamischen Singularitäten in starken Gravitationsfeldern beeinflussen.

Die angeführten Ergänzungen werden erst bei hohen Energiedichten und für große Raum-Zeit-Krümmungen wesentlich. Ihre physikalische Bedeutung läßt sich insbesondere durch das Studium kosmologischer Modelle aufklären. Hier sollen speziell isotrope sowie auch homogene, aber anisotrope Räume vom Bianchi-Typ I betrachtet werden. Die Technik der qualitativen Lösungsanalyse im Phasenraum, die auf Poincaré und Bendixson zurückgeht, bildet dabei ein wirkungsvolles Instrument.

2.1. Vakuumpolarisation und isotrope kosmologische Modelle

Als erstes sollen Effekte diskutiert werden, die sich aus der Einführung von quantisierten Materiefeldern als Quellen in den klassischen Einsteinschen Gleichungen ergeben. Der Energie-Impuls-Tensor wird dann durch den Quantenerwartungswert eines entsprechenden Operators gegeben (es sei im weiteren $\hbar = c = 1$), so daß

$$R_{ik} - \frac{1}{2} R g_{ik} = 8\pi G \langle T_{ik} \rangle. \tag{1}$$

Im allgemeinen setzt die Definition des Erwartungswertes die Kenntnis entsprechender Zustandsvektoren voraus, über die gemittelt wird. Ihre Definition in gekrümmten Raum-Zeiten ist jedoch nicht unproblematisch. Hier soll speziell den Effekten des Vakuumerwartungswertes $\langle 0 | T_{ik} | 0 \rangle$ nachgegangen werden, die sich als Renormierungskorrekturen der bekannten zu k^4 proportionalen Ultraviolettdivergenzen der Quantenfeldtheorie (k ist die Wellenzahl der Grundlösungen) ergeben. Diese Korrekturen sind entsprechend den divergenten Impulsen nur von der lokalen Raum-Zeit-Struktur abhängig und tragen in Analogie zur Quantenelektrodynamik die Bezeichnung Vakuumpolarisation.

Während im flachen Raum etwa die Vorschrift der Normalordnung der Operatoren finite Erwartungswerte bringt, bietet im gekrümmten Raum die Einführung einer effektiven Wirkung W,

$$\langle 0 | T_{ik} | 0 \rangle = \frac{2}{\sqrt{-g}} \frac{\delta W}{\delta g^{ik}}, \tag{2}$$

ein kompaktes Mittel zur Regularisierung der divergenten Beiträge (eine ausführliche Darstellung der Methode bieten z. B. Birrell, Davies [9]). W ist über das erzeugende Funktionalintegral mit äußeren Strömen $J(x)$ als Quellen zu gewinnen:

$$Z[J] = \int \mathcal{D}[\varphi] \exp \{i S_m[\varphi] + i \int J(x) \varphi(x) \, d^4x\}, \tag{3}$$

$W = -i \ln Z[0]$, wobei $S_m[\varphi]$ die klassische Wirkung bedeutet:

$$S_m[\varphi] = -\frac{1}{2} \int d^4x \sqrt{-g(x)} \int d^4y \sqrt{-g(y)}\, K_{xy}\varphi(y),$$
$$K_{xy} = \frac{1}{\sqrt{-g(y)}} (\Box_x + m^2 - i\varepsilon)\, \delta^4(x-y). \tag{4}$$

Der Operator K_{xy} ist hier speziell für ein massebehaftetes skalares Feld angegeben, $\Box_x$ bezeichnet den Wellenoperator und $-i\varepsilon$ die Vorschrift zur Berechnung der Feymanschen Greenschen Funktion; formal gilt $G_F(x, y) = -K_{xy}^{-1}$. Die Auswertung des Funktionalintegrals erfolgt durch Reihenentwicklung in der sogenannten Loop-Approximation. Für die Bestimmung der Greenschen Funktion sind im allgemeinen Randbedingungen und damit die globale Raum-Zeit-Struktur festzulegen. Für die Diskussion der Divergenzen im Koinzidenzlimes $x \to y$ ist es jedoch hinreichend, die Schwinger-De-Witt-Entwicklung heranzuziehen. Mit der Integraldarstellung für den Propagator

$$\frac{1}{k^2 - m^2 + i\varepsilon} = -i \int_0^\infty ds \exp\{is(k^2 - m^2 + i\varepsilon)\}$$

folgt die sogenannte Eigenzeitdarstellung

$$G_F(x, y) = \frac{\sqrt{\Delta(x, y)}}{(4\pi)^2} \int_0^\infty ds(is)^{-2} \exp\left\{-im^2s + \frac{\sigma}{2is}\right\} \sum_{j=0}^{\infty} a_j(x, y)\, (is)^j, \tag{5}$$

wobei $\sigma(x, y)$ den invarianten Abstand zwischen x und y sowie $\Delta(x, y)$ die van-Vlecksche Determinante bezeichnet (vgl. [9]). Die divergenten Beiträge zum Integral stammen gerade von den ersten Gliedern $a_0 = 1$, a_1 und a_2 der rekursiv definierten Reihe a_j. Die explizite Berechnung zeigt, daß a_1 den Ricci-Skalar und a_2 in der Krümmung quadratische Bildungen enthält.

Für konforminvariante wechselwirkungsfreie Quantenfelder erzeugt der Abzug der divergenten Beiträge der Vakuumfluktuationen eine nichtverschwindende Spur des Energie-Impuls-Erwartungswertes in (1), obwohl für die entsprechenden klassischen Felder $T_i^i = 0$ ist. Der deshalb „Spuranomalie" genannte Erwartungswert in der 1-Loop-Näherung

$$\langle T \rangle = \alpha \Box R + \beta \left(R^{ik}R_{ik} - \frac{1}{3} R^2\right) + \gamma C^{iklm}C_{iklm} \tag{6}$$

enthält wohlbestimmte, von der Zahl und dem Spingehalt der beitragenden Felder abhängige numerische Koeffizienten α, β und γ [9]. Für konform-flache Metriken verschwindet natürlich der Weyl-Tensor C_{iklm}, und die Spuranomalie bestimmt den Erwartungswert vollständig:

$$\langle T_{ik} \rangle = \alpha \left(\frac{1}{3} \Box R g_{ik} - \frac{1}{3} R_{;ik} + \frac{1}{3} RR_{ik} - \frac{1}{12} R^2 g_{ik}\right)$$
$$+ \beta \left(2RR_{ik} - R_{il}R_k{}^l + \frac{1}{2} R_{lm}R^{lm} g_{ik} - \frac{1}{4} R^2 g_{ik}\right). \tag{7}$$

Falls $\beta = 0$ ist, reduziert sich der Erwartungswert auf die Variationsableitung von R^2. Es ergeben sich Feldgleichungen 4. Ordnung in der Metrik. Die β-Beiträge bedeuten zusätzliche Nichtlinearitäten, sind jedoch im allgemeinen nicht aus einer lokalen Wirkung abzuleiten und demzufolge nicht generell, sondern z. B. auch nur für konform-flache Metriken divergenzfrei.

Es werden nun speziell räumlich-flache Robertson-Walker-Metriken betrachtet,

$$ds^2 = dt^2 - a^2(t)\,(dx^2 + dy^2 + dz^2), \tag{8}$$

wobei der Skalenfaktor $a(t)$ als einzig freie Variable nur in der Kombination $h(t) = \dot{a}(t)/a(t)$, also als Hubble-Parameter, in die Feldgleichungen eingeht (ein Punkt bezeichnet die zeitliche Ableitung). Die Kenntnis von $h(t)$ gestattet es umgekehrt, die Zeitabhängigkeit der Metrik durch eine Quadratur zu bestimmen: $a(t) = \exp \int h(t)\,dt$. Der Ricci-Skalar ist gegeben durch $R = -6(\dot{h} + 2h^2)$, und es folgt

$$\Box R = \frac{1}{\sqrt{-g}} \left(\sqrt{-g}\, g^{ik} R_{,i}\right)_{,k} = \ddot{R} + 3h\dot{R}. \tag{9}$$

Die Spuranomalie enthält also die Beiträge

$$\langle T \rangle = \alpha(\ddot{R} + 3h\dot{R}) + 2\beta h^2(R + 12h^2). \tag{10}$$

Es ist jetzt hinreichend, eine Komponente der Feldgleichungen (1) zu betrachten, um die gesuchte Funktion $h(t)$ zu bestimmen. Wir verwenden hier die 0—0-Komponente, die genau wie in der Einsteinschen Theorie um eine Ordnung niedrigere Zeitableitungen als die räumlichen Gleichungen enthält und dort direkt die Friedman-Gleichung liefert. Nach kurzer Rechnung folgt

$$\langle T_{00} \rangle = \alpha(2h\ddot{h} - \dot{h}^2 + 6h^2\dot{h}) + \beta h^4. \tag{11}$$

Zur Vereinfachung der Schreibweise seien neue dimensionsbehaftete Kopplungskonstanten $\mu = 8\pi G\alpha$ und $\nu = 8\pi G\beta$ eingeführt, in unseren Einheiten sind sie proportional zum Quadrat der Planck-Länge $L_p = G^{1/2}$. Der Erwartungswert (11) liefert mit (1) eine verallgemeinerte Friedman-Gleichung

$$h^2 = -\mu(2h\ddot{h} - \dot{h}^2 + 6h^2\dot{h}) - \nu h^4. \tag{12}$$

Das Verschwinden der Vakuumpolarisation ($\mu = \nu = 0$) läßt nur die Lösung $h = 0$ zu, bedeutet also eine statische Metrik (8) und damit den Minkowski-Raum. Nichttriviale Friedman-Modelle erfordern die Addition phänomenologischer Materie auf der rechten Seite der Feldgleichungen (1), die zu den bekannten Potenzverhalten des Skalenfaktors führen. Träte insbesondere eine ideale Flüssigkeit mit der Zustandsgleichung

$$P = k\varrho, \qquad 0 \leqq k \leqq 1, \tag{13}$$

als Quelle an die Stelle der Vakuumpolarisation, so wäre

$$h = \frac{2}{3(1+k)\,t}, \qquad a \propto t^{\frac{2}{3(1+k)}}. \tag{14}$$

Im weiteren wird gezeigt, wie die Vakuumpolarisation allein verschiedene Phasen der kosmologischen Expansion verursacht, die durch entsprechende Potenzgesetze beschrieben werden. Daneben ergeben sich aber auch qualitativ völlig neue Lösungsäste.

Die Einbettung dieser in die allgemeine Lösungsschar, speziell die Frage der Stabilität klassischer Lösungen unter dem Einfluß der Vakuumpolarisation, und die Diskussion des globalen Lösungsverhaltens können deren physikalische Relevanz belegen.

2.2. Die de-Sitter-Lösung und Ruhpunkte der Hubble-Expansion

Die de-Sitter-Metrik beschreibt einen Raum konstanter Krümmung, wobei der Krümmungstensor vollständig durch seine Spur beschrieben wird, $R_{iklm} = (g_{ik}g_{lm} - g_{il}g_{km}) \times R/12$. Mit anderen Worten gesagt, der Weyl-Tensor und der spurfreie Anteil des Ricci-Tensors $R_{ik} - Rg_{ik}/4$ sind identisch Null. Die Bianchi-Identität zeigt dann sofort, daß der Ricci-Skalar konstant ist. Im Ausdruck für die Spuranomalie verschwinden also die Beiträge 4. Ordnung, $\langle T \rangle = -\beta R^2/12$, und die Feldgleichungen (1) liefern eine algebraische Gleichung für den Krümmungsskalar:

$$R = \frac{3}{2\pi G\beta} = \frac{12}{\nu}. \tag{15}$$

Für $\nu < 0$ läßt sich die Lösung als Robertson-Walker-Metrik (8) interpretieren, wobei aus der Gleichung für den Ricci-Skalar

$$\dot{h}_S \equiv 0, \qquad h_S = \frac{1}{\sqrt{|\nu|}}, \qquad a \propto \exp\left(\frac{t}{\sqrt{|\nu|}}\right) \tag{16}$$

folgt. Die Existenz dieser partikulären Lösung der Feldgleichungen mit Vakuumpolarisation wurde zuerst in [10] bemerkt; später bildete sie die Grundlage ausgiebiger Anwendungen in Szenarien des inflationären Universums (Starobinsky [11, 12]).

Wie einleitend bemerkt wurde, besteht die Hoffnung, daß unter dem Einfluß der Vakuumpolarisation die kosmologische Singularität, die etwa durch ein Potenzverhalten (14) charakterisiert ist, vermieden wird. Die kosmologische Expansion müßte dazu bei einem endlichen Wert des Skalenfaktors abgefangen werden oder zumindest den Wert Null nur in unendlicher Vergangenheit erreichen. Während letzteres in der de-Sitter-Lösung erreicht wird, sind Ruhpunkte der Hubble-Expansion oder Nullstellen der Funktion $h(t)$ kritische Stellen der verallgemeinerten Friedman-Gleichung (12). Es folgt sofort $\dot{h} = 0$, und $\ddot{h}$ bleibt unbestimmt. Wenn auch noch $\ddot{h} = 0$ gilt, so zeigt fortgesetzte Differentiation von (12) das Verschwinden aller höheren Zeitableitungen von $h(t)$, falls diese existieren. (Die Feldgleichungen enthalten 3. Ableitungen von $h(t)$ und implizieren also endliche Werte $\ddot{h}$ an diesen Punkten.) Neben der trivialen Lösung $h \equiv 0$ (Minkowski-Raum) wird im folgenden Abschnitt noch eine spezielle derartige Lösung angegeben, für die $h = \dot{h} = 0$ asymptotisch erreicht wird. Endliche Werte $\ddot{h} \neq 0$ entsprechen andererseits Wendepunkten der Funktion $a(t)$; ein Extremum des Skalenfaktors ist demzufolge ausgeschlossen. Es sei angemerkt, daß für räumlich geschlossene Robertson-Walker-Metriken solche Extrema zugelassen sind und damit ein Wechsel von Kontraktion zu Expansion und umgekehrt möglich wird [13].

Die verallgemeinerte Friedman-Gleichung (12) ist nun symmetrisch gegenüber Zeitspiegelungen, $a(t) \to a(-t)$, $h(t) \to -h(-t)$, ..., so daß es hier im weiteren keine Einschränkung ist, nur expandierende Lösungen zu betrachten.

2.3. Phasenebenenanalyse

Die nichttrivialen Lösungen von (12) nehmen nur zu isolierten Zeitpunkten Werte $\dot{h} = 0$ an. In den Bereichen $\dot{h} \neq 0$ läßt sich die Expansionsgeschwindigkeit als neue unabhängige Variable einführen und eine Gleichung für die Beschleunigung $\dot{h}(h)$ ableiten:

$$\frac{\mathrm{d}\dot{h}}{\mathrm{d}h} = \frac{\dot{h}}{2h} - 3h - \frac{h}{2\mu\dot{h}} - \frac{\nu h^3}{2\mu\dot{h}}. \tag{17}$$

Die Lösungen $\dot{h}(h)$ überdecken dabei die h-$\dot{h}$-Phasenebene und können sich nur im Ursprung $h = \dot{h} = 0$ schneiden, wo die Differentialgleichung singulär wird. Diese Eigenschaft bedingt, daß charakteristische Kurven Gebiete des Phasenraumes mit unterschiedlichem Lösungsverhalten separieren. Es soll nun ein Überblick über den qualitativen Verlauf der Phasenbahnen gegeben werden. Zunächst folgt für die bereits erwähnten Ruhepunkte $h, \dot{h} \to 0$

$$\frac{\mathrm{d}\dot{h}}{\mathrm{d}h} \approx \frac{\dot{h}}{2h} - \frac{h}{2\mu\dot{h}}, \tag{18}$$

d. h., das Verhalten ist unabhängig von dem zu ν proportionalen Beitrag der Spuranomalie. Mit der Substitution $H = \dot{h}h^{-1/2}$ läßt sich (18) integrieren, so daß $H^2 = c - h/\mu$. Folglich sind zwei wesentliche Fälle zu unterscheiden. Für $c > 0$ ergibt sich eine einparametrische Lösungsschar $\dot{h} = ch^{1/2}$. Genauer erhält man die Reihenentwicklung

$$\dot{h} = h^{1/2}\left[c - \frac{h}{2\mu c} - 2h^{3/2} - \frac{h^2}{8\mu^2 c^3} + O(h^{5/2})\right], \tag{19}$$

und demzufolge treten Minima der Funktion $h(t)$ auf mit

$$\ddot{h} = \frac{c^2}{2} - \frac{h}{\mu} - 5ch^{3/2} + \frac{5h^2}{16\mu^2 c^2} + O(h^{5/2}). \tag{20}$$

Für $c = 0$ existieren bei $\mu < 0$ zwei partikuläre Lösungen

$$\dot{h}_\mathrm{p} = \pm\frac{h}{\sqrt{|\mu|}} - \frac{3h^2}{2} \pm \left(\frac{3\sqrt{|\mu|}}{8} + \frac{\nu}{6\sqrt{|\mu|}}\right)h^3 + O(h^4). \tag{21}$$

$\ddot{h}_\mathrm{p}$ erreicht den singulären Punkt $h = \dot{h} = 0$ der Gleichung (17) nur asymptotisch:

$$h_\mathrm{p} = \frac{1}{\sqrt{|\mu|}}\exp\left(\pm\frac{t}{\sqrt{|\mu|}}\right), \quad a_\mathrm{p} = a_0 \exp\left[\pm\exp\left(\pm\frac{t}{\sqrt{|\mu|}}\right)\right], \quad t \to \mp\infty. \tag{22}$$

Es gilt natürlich in der Grenze das erwähnte Verhalten $\ddot{h}_\mathrm{p}(h = \dot{h} = 0) = 0$; für $\nu = 0$ wurde die Lösung bereits in [14] angegeben.

Wendepunkte von $a(t)$, d. h. Übergänge von beschleunigter zu verzögerter Expansionsgeschwindigkeit, treten bei $\dot{h} = 0$ auf. Die Gleichung für die Phasenbahnen wird dort singulär, und aus (12) folgt

$$\ddot{h} = -\frac{h(1 + \nu h^2)}{2\mu}. \tag{23}$$

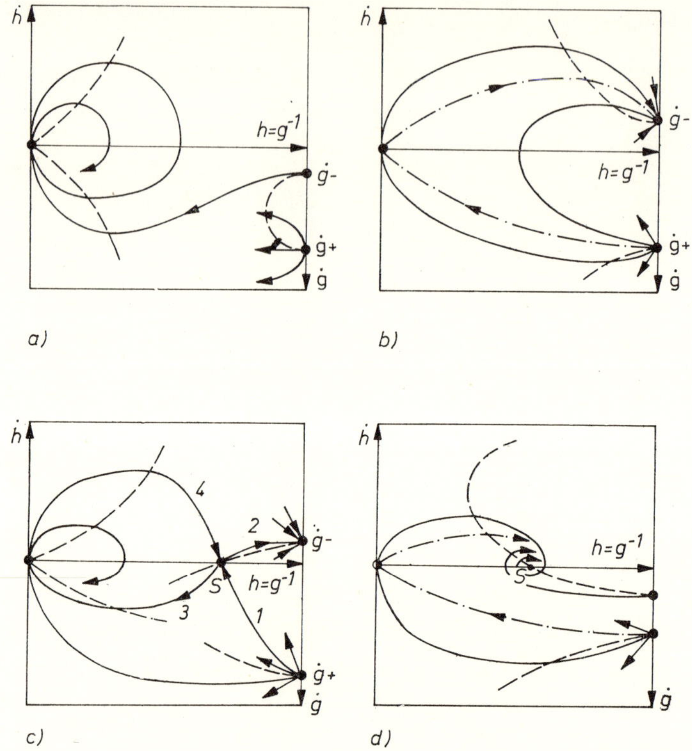

Abb. 2.1. Phasenbahnen für verschiedene Werte der Kopplungskonstanten μ und ν (schematisch); a) $3\mu > \nu > 0$, b) $\mu < 0, \nu > 0$, c) $\mu > 0, \nu < 0$, d) $3\mu < \nu < 0$

Für $\nu \geqq 0$ ist $\mathrm{d}\dot{h}/\mathrm{d}h$ stets divergent, und $h(t)$ erreicht bei $\mu > 0$ ein lokales Maximum. Die dazwischenliegenden Minima sind bereits durch (19) beschrieben. Für $\mu < 0$ erreicht $h(t)$ ein absolutes Minimum, da hier Maxima ausgeschlossen sind. Die verschiedenen die positive h-Achse senkrecht schneidenden Phasenbahnen (Abb. 2.1) sind eine einparametrische Lösungsschar. Für $\nu < 0$ folgt aus (23) sofort die Existenz einer zweiten isolierten Lösung, $h_S = |\nu|^{-1/2}$. Dies ist gerade die De-Sitter-Lösung. h_S trennt h-Werte, bei denen lokale Maxima und Minima von $h(t)$ auftreten. Falls $\mu < 0$ ist, deutet sich oszillierendes Verhalten um h_S an. Demgegenüber werden für $\mu > 0$ und $h < h_S$ lokale Maxima erreicht, während die Werte $h > h_S$ wieder eine einparametrische Lösungsschar angeben.

Es ist nun noch nützlich, Gebiete der Phasenebene mit unterschiedlichen Werten des Anstiegs $\mathrm{d}\dot{h}/\mathrm{d}h = c$ zu untersuchen. Es ergeben sich Kurven

$$\dot{h} = h^2 \left(3 + \frac{c}{h} \pm \sqrt{\left(3 + \frac{c}{h}\right)^2 + \frac{\nu}{\mu} + \frac{1}{\mu h^2}}\right) \tag{24}$$

mit der von c unabhängigen Asymptotik für $h \to \infty$,

$$\dot{h} = 3h^2 \left(1 \pm \sqrt{1 + \frac{\nu}{9\mu}}\right), \qquad \frac{\nu}{\mu} > -9. \tag{25}$$

Speziell für $c = 0$ trennen diese Kurven Gebiete mit ansteigenden und fallenden Phasenbahnen. Sie bedeuten physikalisch Wendepunkte $\ddot{h} = 0$ und sind in Abb. 2.1 als gestrichelte Linien eingezeichnet. Es sei noch auf einige Besonderheiten hingewiesen. Für $\nu = 0$ ist die Asymptotik mit der negativen Wurzel durch ein konstantes $\dot{h} = -1/6\mu$ beschrieben, und es existieren demzufolge für $\mu \gtrless 0$ asymptotische Lösungen mit konstanter Beschleunigung,

$$\dot{h} = -\frac{1}{6\mu}, \qquad a \propto \exp\left(-\frac{t^2}{12\mu}\right), \qquad t \to \mp\infty. \tag{26}$$

Für $\mu > 0$ gehen die Kurven (24) mit $c = 0$ durch den singulären Punkt $h = \dot{h} = 0$, und es gilt in der Umgebung $\dot{h} = \pm\mu^{-1/2}h$ unabhängig von ν. Andererseits liegen die Wendepunkte $\mathrm{d}\dot{h}/\mathrm{d}h = 0$ im Falle $\mu < 0$ über einem minimalen h-Wert, $h^2 \geqq -1/(9\mu + \nu)$, $\nu < 9\,|\mu|$.

Die Phasenebenenbilder zeigen in einer Reihe von Fällen asymptotisches Verhalten $h \to \infty$ und $\dot{h} \to \pm\infty$. Die Differentialgleichung (17) ist dort regulär und liefert für den Ansatz $\dot{h} = ch^p + O(h^{p-1})$, $p > 0$ Lösungen mit $p = 2$:

$$\dot{h} = -h^2\left(1 \pm \sqrt{1 - \frac{\nu}{3\mu}}\right). \tag{27}$$

Dies gibt spezielle Potenzasymptotiken der Form (14). In anderen Fällen stellen sich nichtlineare Oszillationen ein, für deren Beschreibung es nützlich ist, die verallgemeinerte Friedman-Gleichung (12) mit der Hilfsfunktion $H = \dot{h}^2/h + h/\mu + \nu h^3/3\mu$ als

$$\dot{H} = -6\dot{h}^2 \leqq 0 \tag{28}$$

zu schreiben. $H(t)$ fällt also monoton und suppremiert das oszillierende Verhalten.

Zur Beschreibung der Potenzasympoten ist es nun noch zweckmäßig, die zu $h(t)$ inverse Funktion $g(t) = 1/h(t)$ einzuführen und das Verhalten $g \to 0$ zu untersuchen. In der g-$\dot{g}$-Phasenebene gilt die Gleichung

$$\frac{\mathrm{d}\dot{g}}{\mathrm{d}g} = \frac{3\dot{g}}{2g} - \frac{3}{g} + \frac{g}{2\mu\dot{g}} + \frac{\nu}{2\mu g\dot{g}}. \tag{29}$$

Die Kurven $\mathrm{d}\dot{g}/\mathrm{d}g = 0$ separieren wiederum Gebiete der Phasenebene mit ansteigenden und fallenden Trajektorien,

$$g = \sqrt{3\mu\dot{g}(2 - \dot{g}) - \nu}. \tag{30}$$

In der Gleichung (29) gibt der Grenzwert $g \to 0$ nur für diskrete $\dot{g}$ endliche Werte des Anstiegs $\mathrm{d}\dot{g}/\mathrm{d}g$,

$$\dot{g}_\pm = 1 \pm \sqrt{1 - \frac{\nu}{3\mu}}, \qquad \frac{\nu}{\mu} \leqq 3. \tag{31}$$

Dies sind gerade die Schnittpunkte der Kurve für die Extrema von $\dot{g}(g)$ mit der $\dot{g}$-Achse. In Abb. 1 ist die g-$\dot{g}$-Phasenebene als duale Darstellung zur h-$\dot{h}$-Ebene schematisch mit eingezeichnet. Dadurch kann der Zusammenhang der Lösungstrajektorien übersichtlich gezeigt werden.

Es sind jetzt die Hilfsmittel bereitgestellt, um das Lösungsverhalten für die verschiedenen Parameterkombinationen diskutieren zu können. Der Fall der reinen $\Box R$-Modifikation in der Spuranomalie, der aus einer im Ricci-Skalar quadratischen Lagrange-Funktion folgt, ist bereits in [14] ausführlich behandelt worden. Dort sind auch entsprechende h-$\dot{h}$-Phasenebenenbilder gezeigt. Im g-$\dot{g}$-Diagramm beschreibt $\dot{g}_+ = 2$, Gleichung (31), einen instabilen Knoten mit der Lösungsschar

$$\dot{g}_+ = 2 + cg^{3/2}, \qquad h = \frac{1}{2t}, \qquad a \propto t^{1/2}. \tag{32}$$

Dies entspricht einer Anfangssingularität mit dem Potenzverhalten (14) des Strahlungskosmos, $P = \varrho/3$. Der Punkt $\dot{g}_-$ ist für $\mu > 0$ der Anfang einer isolierten Asymptote und für $\mu < 0$ das Ende von zwei einparametrischen Lösungsscharen jeweils mit konstanter Beschleunigung entsprechend Gleichung (26). Für $\mu > 0$ ist $h = \dot{h} = 0$ ein stabiler Fokus (Attraktor). Die Hilfsfunktion $H(t)$ suppremiert die nichtlinearen Oszillationen von $\dot{h}(h)$, denn es gilt

$$\dot{h} = 0: \quad h = \mu H, \qquad \dot{h} \neq 0: \quad h \leqq \mu^{1/2} H,$$

und $H(t)$ fällt monoton. In der Grenze $t \to \infty$ gilt

$$h = \frac{2}{3t}, \qquad a \propto t^{2/3}, \tag{33}$$

d. h., das Potenzverhalten entspricht dem eines Staubkosmos $P = 0$.

Wird die gesamte Spuranomalie berücksichtigt, so sind $\dot{g}_\pm$ stets Potenzasymptoten. Das Phasenebenenbild Abb. 2.1 a) beschreibt den Fall $\mu, \nu > 0$. Die Punkte $\dot{g}_\pm$ existieren nur dann, wenn $3\mu < \nu < 0$ ist. $\dot{g}_+$ ist ein instabiler Knoten, von dem eine einparametrische Lösungsschar ausgeht, und $\dot{g}_-$ ein Sattelpunkt mit genau einer auslaufenden Phasenbahn. Für $t \to 0$ gilt

$$g = \dot{g}_\pm g t, \qquad a \propto t^{1/\dot{g}_\pm}, \tag{34}$$

d. h., die Spuranomalie modelliert das Verhalten einer idealen Flüssigkeit mit einer Zustandsgleichung (13) und

$$k = \frac{2}{3}\left(\pm\sqrt{1 - \frac{\nu}{3\mu}} - \frac{1}{2}\right). \tag{35}$$

Während für $\nu = 0$ die Expansion unabhängig von μ einer effektiven Zustandsgleichung $P = \varrho/3$ bzw. $P = -\varrho$ entspricht, nimmt k in Abhängigkeit von den Kopplungskonstanten bei $0 < \nu/\mu \leqq 3$ Werte zwischen $1/3$ und -1 sowie bei $\nu/\mu < 0$ betragsmäßig beliebig große positive und negative Werte an. In dem in Abb. 2.1 a) betrachteten Fall sind wieder asymptotische ($t \to \infty$) Oszillationen von $\dot{h}(t)$ mit einem mittleren Verhalten (33) typisch.

Abb. 2.1 b) illustriert den Verlauf der Phasentrajektorien für $\mu < 0$ und $\nu > 0$. Bis auf die beiden partikulären Lösungen h_p (22), die als Strich-Punkt-Linien gezeichnet sind, beginnen alle Phasenbahnen im instabilen Knoten $\dot{g}_+$ und enden für $t \to t_f$ im anziehenden Knoten $\dot{g}_-$ nach einem Potenzgesetz,

$$a_+ \propto t^{1/\dot{g}_+}, \qquad (t \to 0)\,; \qquad a_- \propto (t_f - t)^{1/\dot{g}_-}, \qquad (t \to t_f)\,. \tag{36}$$

Für $\nu < 0$ tritt die schon ausführlich diskutierte de-Sitter-Lösung als spezielle Lösung auf. Ist nun noch $\mu < 0$, so erweist sich diese als anziehender Fokus, um den sich asymptotisch die Phasenbahnen mit Ausnahme von h_p (22) aufwinden (Abb. 2.1d)). Für $\mu > 0$ entspricht der de-Sitter-Lösung ein Sattelpunkt. Außer den im Sattelpunkt endenden Trajektorien 1 und 4 (Abb. 2.1c)) ist eine potenzartige Endsingularität $\dot{g}_-$ (vgl. (36)) typisch. Andererseits ist $\dot{g}_+$ ein abstoßender Knoten (Anfangssingularität), von dem alle Phasenbahnen bis auf die in der instabilen de-Sitter-Lösung startenden Trajektorien 2 und 3 ausgehen. Die in [11, 12] mit numerischen Methoden diskutierte Lösung 3 ist die einzige singularitätsfreie Lösung der betrachteten Parameterkombination. Die Lösungen mit Anfangssingularität, die bei $\dot{g}_+$ zwischen den Separatrizen 1 und 4 starten, sowie die singularitätsfreie Lösung 3 erreichen das typische oszillatorische Verhalten um das Potenzgesetz eines klassischen Friedmanschen Staubkosmos (33). Mit der Annäherung $h \to 0$ wird der zu ν proportionale Beitrag zur Spuranomalie unwesentlich.

Damit ist ein vollständiger Überblick des qualitativen Lösungsverhaltens isotroper, räumlich-flacher kosmologischer Modelle unter Berücksichtigung der Effekte der Vakuumpolarisation gegeben. Aus dem Verlauf der Phasenbahnen $\dot{h}(h)$ folgt die Zeitabhängigkeit des Hubble-Parameters $h(t)$ (und so auch der Skalenfaktor $a(t)$) als Umkehrfunktion von

$$t(h) = \int \frac{\mathrm{d}h}{\dot{h}(h)}\,. \tag{37}$$

Für die wesentlichen Fälle wurden entsprechende Reihenentwicklungen und Asymptoten bestimmt. Dabei ist charakteristisch, daß sowohl die exponentiell anwachsenden Lösungen, die de-Sitter-Lösung (16) und die Lösung $a \propto \exp(-t^2/12\mu)$ (26), wie auch die partikulären Lösungen (22) mit asymptotisch verschwindender Hubble-Expansion durch das Wechselspiel von Vakuumpolarisation und klassischer Einsteinscher Gravitationswirkung zustande kommen. Gleichfalls sind für den Übergang der kosmologischen Entwicklung in das klassische Friedman-Verhalten (33) über nichtlineare Oszillationen beide Seiten der verallgemeinerten Friedman-Gleichung (12) wesentlich. Demgegenüber wird das asymptotische Potenzverhalten gemäß Gleichung (27) nur durch die Wirkung der Vakuumpolarisation bestimmt.

2.4. Nicht-minimale Kopplung und anisotrope kosmologische Modelle

Als Alternative zur bisher diskutierten Abänderung der reinen Gravitationsfeldgleichungen (d. h., der Vakuumgleichungen) soll eine in einfachster Form durch „Kreuzterme" zwischen Krümmungs- und Energie-Impuls-Tensor beschriebene Modifikation der Kopplung von Materie und Gravitationsfeld betrachtet werden [5]. Mit explizit eingesetzter Kopplungslänge L — es gibt hier keinen Grund mehr, diese mit der Planck-Länge zu identifizieren — gelten also Feldgleichungen der Form

$$R_{ik} - \frac{1}{2} R g_{ik} = 8\pi G T_{ik} + 8\pi G L^2 \theta_{ik}(R_{lmpq}, T_{rs})\,. \tag{38}$$

Dabei ist θ eine bilineare Funktion mit unbestimmten numerischen Koeffizienten $\alpha, \beta, \ldots, \eta$:

$$\theta_{ik} = \alpha g_{ik} RT + \beta R_{ik} T + \gamma R T_{ik} + \delta g_{ik} R_{lm} T^{lm} + \varepsilon(R_{il} T^{l}{}_{k} + R_{kl} T^{l}{}_{i}) + \eta C_{ilmk} T^{lm}$$
$$+ \varepsilon(R_{il} T^{l}{}_{k} + R_{kl} T^{l}{}_{i}) + \eta C_{ilmk} T^{lm}. \tag{39}$$

Die Feldgleichungen (38) enthalten also eine zusätzliche nichtlineare Verkopplung der geometrischen Größen und der Materiegrößen der klassischen Einsteinschen Gleichungen. Sie können in dieser Weise, wie in der Einleitung als Motiv angegeben, phänomenologisch Effekte einer Unifizierung gravischer und nicht-gravischer Wechselwirkungen modellieren. Die Kreuzterme (39) bewirken eine Verletzung des schwachen Äquivalenzprinzips

$$T^{ik}{}_{:k} = -L^2 \theta^{ik}{}_{;k}. \tag{40}$$

Dabei ist die rechte Seite der Gleichung entsprechend der Form der Kreuzterme (39) proportional zur Energie-Impuls-Dichte, sie bewirkt demzufolge eine Verletzung des Äquivalenzprinzips nur innerhalb von Materie. Mit anderen Worten, die Kreuzterme beschreiben eine nicht-minimale Kopplung von Gravitation und Materie. Um (unabhängig von möglichen Konsistenzschwierigkeiten derartiger Gleichungen (38)) Widersprüche mit makroskopischen Gravitationsexperimenten zu vermeiden, muß diese Kopplung schwach, d. h. die Kopplungslänge L eine mikrophysikalische Größe sein. Dies bedeutet, daß die entsprechende charakteristische Energiedichte

$$\varrho_k = \frac{1}{8\pi G L^2} \tag{41}$$

größer sein muß als die derartigen Experimenten zugängliche. Wiederum bilden kosmologische Modelle einen wichtigen Prüfstein solcher Modifikationen.

Es soll hier nur der Kreuzterm mit dem Weyl-Tensor betrachtet werden, da gerade dieser zu wesentlich nichtaufspaltbaren Gleichungen führt. Es sei also $\alpha = \beta = \cdots = \varepsilon = 0$, $\eta \neq 0$. Für die konform-flachen Robertson-Walker-Metriken gibt dieser Kreuzterm natürlich keinen Beitrag. Doch der Weyl-Tensor koppelt an die Scherungsströmungen allgemeiner Bianchi-I-Metriken als anisotrope Verallgemeinerungen der oben betrachteten räumlich-flachen isotropen Modelle:

$$ds^2 = dt^2 - a_i^2(t)\,(dx^i)^2. \tag{42}$$

Entsprechend den drei Freiheitsgraden werden drei Hubble-Parameter $h_i = \dot{a}_i/a_i$ eingeführt und die Expansion in den isotropen und anisotropen Anteil zerlegt,

$$h = \frac{1}{3} \sum h_i, \qquad h_1 = h + 2\alpha, \qquad h_{2,3} = h - \alpha \pm \sqrt{3}\,\beta. \tag{43}$$

Es wird hier natürlich eine Quelle des Gravitationsfeldes benötigt, für die wir in konventioneller Weise eine ideale Flüssigkeit mit der Zustandsgleichung (13) voraussetzen.

Die Spurgleichung von (38) ist unabhängig von Kreuztermmodifikationen und Einflüssen der anisotropen Strömung, sie gibt

$$\dot{h} + 3h^2 = 4\pi G(1 - k)\,\varrho. \tag{44}$$

Unter der Voraussetzung, daß die kosmologische Expansion orthogonal zu den Homogenitätshyperflächen erfolgt, wird auch die 0-0-Komponente von (38) nicht von dem Kreuzterm berührt, und es gilt

$$h^2 = 8\pi G\varrho/3 + \alpha^2 + \beta^2. \tag{45}$$

Die beiden letzten Gleichungen zeigen in üblicher Weise, daß in endlicher Eigenzeit die kosmologische Singularität erreicht wird; der Kreuzterm mit dem Weyl-Tensor hat auf diese auch für allgemeinere Metriken keinen Einfluß. Demgegenüber wirken die Kreuzterme auf die Entwicklung der Anisotropie, formal beschreiben sie rein anisotrope Drücke:

$$\begin{aligned} \dot{\alpha} &= -3\alpha h + \varkappa(\varrho)\,(\alpha^2 - \beta^2 - \alpha h), \\ \dot{\beta} &= -3\beta h + \varkappa(\varrho)\,(-2\alpha\beta - \beta h). \end{aligned} \tag{46}$$

In diese Gleichungen geht eine Kopplungsfunktion

$$\varkappa(\varrho) = \frac{2\eta(1 + k)\,\varrho}{2\varrho_k - \eta(1 + k)\,\varrho}$$

ein, die für $\eta > 0$ bei einer kritischen Energiedichte divergiert und bei $\eta < 0$ von 0 bis -2 monoton fällt.

Die Kreuzterme führen zu einer Verkopplung der Gleichungen für die Scherungsfreiheitsgrade und damit zu einer Beschränkung der anisotropen Strömung. Es ist sofort ersichtlich, daß zwar Lösungen mit $\alpha \neq 0$, $\beta = 0$ existieren, der umgekehrte Fall jedoch ausgeschlossen ist. Die weitere Diskussion soll nun gerade auf $\beta = 0$ (Axialsymmetrie) beschränkt bleiben. Es wird zunächst mit (45) die Dichte aus der Gleichung (44) für die Beschleunigung eliminiert, mit (46) folgt dann eine Differentialgleichung für die Entwicklung der Anisotropie in der α-h-Phasenebene,

$$\frac{\mathrm{d}\alpha}{\mathrm{d}h} = \frac{2\alpha[h + \bar{\varkappa}(h - \alpha)]}{(1 + k)\,h^2 + (1 - k)\,\alpha^2}. \tag{47}$$

Es kann wieder $h > 0$ vorausgesetzt werden, und die Energiegleichung (45) beschränkt den zulässigen Bereich der Phasenebene $|\alpha| \leqq h$. Hyperbeln $h^2 - \alpha^2 = \text{const}$ sind Linien konstanter Dichte und so auch konstanter Kopplungsfunktion $\bar{\varkappa} = \varkappa(\varrho)/3$. Die kritische Energiedichte im Falle $\eta > 0$ bedingt noch eine Begrenzung des erreichbaren Teils der Phasenebene für große h.

Ein Überblick über den qualitativen Lösungsverlauf ergibt sich leicht, wenn man den Anstieg der Lösungstrajektorien entlang vom Ursprung ausgehender Strahlen $\alpha = \lambda h (-1 \leqq \lambda \leqq 1)$, wie er sich aus Gleichung (47) ergibt, mit dem Anstieg der Trajektorien ohne Kreuztermbeiträge ($\bar{\varkappa} = 0$) sowie mit dem Anstieg der Strahlen selbst vergleicht. Für $\eta > 0$ folgt das gleiche globale Verhalten wie in der Allgemeinen Relativitätstheorie: Es gibt zwei einparametrische Lösungsscharen, die in der Nähe der Singularität $h \to \infty$ jeweils in spezielle Kasner-Asymptoten $\alpha = \pm h$, d. h. in Vakuumasymptoten, übergehen. $\alpha = h$ entspricht der zum Minkowski-Raum äquivalenten Metrik (42) mit $a_1 \propto t$, $a_2 = a_3 = \text{const}$; $\alpha = -h$ führt zu $a_1 \propto t^{-1/3}$, $a_2 = a_3 = t^{2/3}$. Die isotrope Lösung $\alpha = 0$, d. h. $a_1 = a_2 = a_3 = t^{2/3(1+k)}$, ist instabil. Unter der Wirkung des lokal isotropen Energie-Impuls-Tensors werden die in der Nähe der Singularität anisotropen Lösungen im Verlauf der Expansion isotrop ($h \to 0$). Die Kreuztermmodifikation beschreibt einen zusätzlichen Isotropisierungsmechanismus, der für Energiedichten $\varrho \approx \varrho_k$ dominiert und sehr effektiv ist.

Der Fall $\eta < 0$ bringt als qualitativ neues Resultat der Kreuztermeinflüsse eine Isotropisierung einer einparametrischen Lösungsschar in der Nähe der Singularität. Alle Trajektorien aus dem Bereich

$$-h \leqq \alpha < \frac{(1 + 3k)}{3(1 - k)} \qquad \left(k < \frac{1}{3}!\right) \tag{48}$$

gehen bei $h \to \infty$ von dem instabilen Knoten $\alpha = 0$ aus. Für $k < 1/3$ beschreibt die Trajektorie $\alpha = \frac{(1 + 3k)}{3(1 - k)} h$ eine neue anisotrope materiedominierte Potenzasymptote, die allerdings eine isolierte, d. h. instabile, Lösung darstellt. Die Phasenbahnen außerhalb des Bereiches (48) starten mit der anisotropen Vakuumasymptote $\alpha = h$. Für eine relativistische Zustandsgleichung (und für $1/3 \leqq k \leqq 1$ generell) werden alle Lösungen in der Nähe der Singularität isotrop. Die Friedman-Modelle erweisen sich damit als stabil innerhalb der Klasse anisotroper, aber homogener kosmologischer Modelle. Eine Lösung dieser Gestalt wurde in [17] bereits für den Fall der extremen Zustandsgleichung $k = 1$ angegeben,

$$h = \frac{1}{3t}, \qquad \alpha = \frac{1}{3[t + (t_1^2 t)^{1/3}]}, \qquad \varrho \gg \varrho_k, \tag{49}$$

wobei t_1 eine Integrationskonstante ist, die den Zeitpunkt des Übergangs von isotroper zu anisotroper Expansion angibt.

Die Kenntnis des Verlaufs der Phasenbahnen $\alpha(h)$ gestattet es, die Zeitabhängigkeit des Hubble-Parameters $h(t)$ aus

$$\dot{h} = -\frac{3}{2}\left[(1 + k)\, h^2 + (1 - k)\, \alpha^2\right] \tag{50}$$

und dann mit (46) auch $\alpha(t)$ zu bestimmen. Aus dem Energieintegral (45) folgt dann $\varrho(t)$, wobei die Energiedichte im allgemeinen nicht mehr adiabatisch erhalten ist. Der anisotrope Druck der Kreuztermmodifikation leistet Arbeit und kann phänomenologisch Teilchenerzeugungs- und Vernichtungsprozesse modellieren.

2.5. Diskussion

Die Gegenüberstellung von kosmologischen Modellen unter dem Einfluß von Vakuumpolarisation und nicht-minimaler Kopplung zeigt im ersten Fall eine Erweiterung, im zweiten Fall eine Einschränkung der Lösungsmannigfaltigkeit gegenüber den klassischen Einsteinschen Gleichungen. Dies ist verständlich, denn die Vakuumpolarisation wird durch Feldgleichungen 4. Ordnung mit der dementsprechenden größeren Zahl von freien Anfangsbedingungen charakterisiert, während die Kreuzterme zusätzliche Nichtlinearitäten darstellen.

Speziell beschränkt der Kreuzterm mit dem Weyl-Tensor die anisotropen Freiheitsgrade der kosmologischen Expansion von Bianchi-I-Modellen. Dies wird noch deutlicher, wenn man von der hier vorausgesetzten Axialsymmetrie abgeht; allerdings muß dann ein dreidimensionaler Phasenraum analysiert werden. Der oben diskutierte Verlauf der Phasenbahnen erlaubt eine einfache Interpretation: Die zusätzliche Nichtlinearität zwingt die Lösungen im allgemeinen in Bereiche, in denen die Kreuztermmodifikation nicht wirksam ist, nämlich in die isotrope Expansion oder in die Vakuumasymptoten. Die isotropisierenden Lösungen, die gleichzeitig von einer Teilchenerzeugung auf Kosten der anisotropen Strömung begleitet werden, sind weitgehend der Isotropisierung durch die Quantenerzeugung von Teilchen-Antiteilchen-Paaren innerhalb der semiklassischen Näherung der Quantengravitation analog. Mechanismen zur effektiven Isotropisierung sind vor allem in Hinblick auf die beobachtete Richtungsunabhängigkeit der kosmologischen Hintergrundstrahlung gefragt. Es sei noch erwähnt, daß die hier nicht diskutierten Kreuztermmodifikationen über algebraische Operationen effektiv zu Einsteinschen Gleichungen mit einer Quelle führen, die ein Funktional des gewöhnlichen Energie-Impuls-Tensors ist [16]. Dabei gibt es auch die Möglichkeit, die kosmologische Expansion vor dem Erreichen der Singularität abzufangen.

Das Studium des Einflusses der Vakuumpolarisation zeigt global sehr unterschiedliche Lösungsmannigfaltigkeiten. Andererseits reduzieren sich die Modifikationen auf nur wenige physikalische Effekte. Zunächst werden für alle Parameterkombinationen singuläre Asymptoten mit einem Potenzgesetz des Skalenfaktors induziert. Unter der Voraussetzung eines solchen Verhaltens sind in [17] allgemeine Bianchi-Typ-I-Modelle mit einer idealen Flüssigkeit als Quelle untersucht worden, es ergeben sich kosmologische Lösungen ohne Teilchenhorizont (vgl. auch [18]),

$$d_{\mathrm{h}} = a(t) \int\limits_0^t \frac{\mathrm{d}t'}{a(t')} \to \infty . \tag{51}$$

Die Spuranomalie bringt als wesentlich neue Eigenschaft für $\nu < 0$ die Existenz der singularitätsfreien de-Sitter-Lösung. Ihr entspricht für $\nu = 0$ (d. h. für reine R^2-Modifikationen) die Quasi-de-Sitter-Lösung, für die $|\dot{h}| \ll h^2$, aber endlich ist. Die de-Sitter-Lösung ist für $\mu > 0$ instabil. Nur für diese Parameterkombination existieren kosmologische Lösungen, die aus dem exponentiellen Stadium in späterer Zeit in das Potenzverhalten der klassischen Friedman-Modelle übergehen. Zur Einordnung der verschiedenen Phasenebenenbilder seien die unabhängig nach verschiedenen Renormierungsprozeduren bestimmten Werte der Kopplungsparameter der Spuranomalie für N_0 skalare, $N_{1/2}$ spinorielle und N_1 vektorielle, effektiv freie, bei der kosmologischen Expansion zu berücksichtigende Quantenfelder gegeben [9],

$$\begin{aligned} \alpha &= \frac{1}{2\,880\pi^2} \left(-N_0 - \frac{7}{2} N_{1/2} + 13 N_1 \right), \\ \beta &= \frac{1}{2\,880\pi^2} \left(-N_0 - 11 N_{1/2} - 62 N_1 \right). \end{aligned} \tag{52}$$

Die Modelle mit de-Sitter- und Quasi-de-Sitter-Phase sowie die Modelle ohne Teilchenhorizont erlauben die Aufstellung kosmologischer Szenarien, welche Mechanismen zur Erklärung der Anfangsbedingungen der Expansion, ihrer großskaligen Homogenität und der notwendigen Dichtefluktuationen geben.

Literatur

[1] BERGMANN, P. G.: Unitary Field Theory: Yesterday, Today, Tomorrow. In: TREDER, H.-J. (Hrsg.): Einstein-Centenarium 1979. Berlin: Akademie-Verlag 1979.
[2] MERCIER, A.; TREDER, H.-J.; YOURGRAU, W.: On General Relativity. Berlin: Akademie-Verlag 1979.
[3] ROSENFELD, L.: Quantentheorie und Gravitation. In: TREDER, H.-J. (Hrsg.): Entstehung, Entwicklung und Perspektiven der Einsteinschen Gravitationstheorie. Berlin: Akademie-Verlag 1966.
[4] TREDER, H.-J.: On the Problem of Physical Meaning of Quantization of Gravitational Fields. In: DE FINIS, F. (Hrsg.): Relativity, Quanta and Cosmology. New York, San Francisco, London: Johnson Reprint Coop. 1979.
[5] TREDER, H.-J.: Tensor **32** (1978) 51.
[6] PECHLANER, E.; SEXL, R.: Commun. Math. Phys. **2** (1966) 165.
[7] TREDER, H.-J.: Ann. Phys. (Lpz.) **32** (1975) 383.
[8] DEWITT, B. S.: Phys. Rep. **19C** (1975) 295.
[9] BIRRELL, N. D.; DAVIES, P. C. W.: Quantum fields in curved space. Cambridge Monographs on Mathematical Physics 7. Cambridge: Cambridge Univ. Press 1982.
[10] DOWKER, J. S.; CRITCHLEY, R.: Phys. Rev. **D16** (1977) 3390.
[11] STAROBINSKY, A. A.: Phys. Lett. **91B** (1980) 99.
[12] STAROBINSKY, A. A.: Nonsingular model of the universe with the quantum-gravitational de Sitter stage and its observational consequences. In: MARKOV, M. A.; WEST, P. C. (Hrsg.): Quantum Gravity. New York: Plenum Press 1984.
[13] GOTTLÖBER, S.; MÜLLER, V.: Class. Quant. Grav. **4** (1987) 1427.
[14] MÜLLER, V.; SCHMIDT, H.-J.: Gen. Rel. Grav. **17** (1985) 769.
[15] MÜLLER, V.: Bewegungsproblem und Stabilität für Gravitationsfeldgleichungen mit Kreuztermen. Dissertation A. Potsdam 1980.
[16] LIEBSCHER, D.-E.; TREDER, H.-J.: Ann. Phys. (Lpz.) **34** (1977) 314.
[17] MÜLLER, V.: Ann. Phys. (Lpz.) **43** (1986) 67.
[18] FRENKEL, A.; BRECHER, K.: Phys. Rev. **D26** (1982) 368.

3. Über die Bedeutung von Skalarfeldern für die Kosmologie

Von Uwe Kasper und Hans-Jürgen Schmidt

3.1. Motive zur Behandlung inflationärer Weltmodelle

Mit der Entdeckung der Hintergrundstrahlung setzte sich die Ansicht durch, daß sich der heutige Zustand der Welt aus einer überdichten, heißen Phase entwickelt hat (Standard-big-bang-Modell). Wenn dieses Modell auch einige Züge der kosmischen Entwicklung verständlich machen konnte, blieben doch noch wesentliche Probleme bestehen. Hier sei vor allem an das sogenannte Isotropieproblem erinnert: Beobachtet man die Hintergrundstrahlung in verschiedenen Richtungen, dann stellt man nur „geringfügige" Unterschiede fest. Die Strahlung erreicht uns aber aus Gebieten, die nach dem Standardmodell gar nicht kausal zusammenhängend sein können. Wie ist dann die festgestellte Isotropie dieser Strahlung zustande gekommen? Man könnte die Beobachtung verstehen, wenn in der Vergangenheit ein kausal zusammenhängendes Gebiet so stark „aufgeblasen" worden ist, daß heute in ihm das beobachtbare Universum enthalten wäre. Um eine Vorstellung von der benötigten Größenordnung zu geben: Man braucht einen Faktor von etwa 10^{30}!

Nun stellt es für die Einsteinsche Gravitationstheorie kein Problem dar, ein Modell mit der gewünschten Expansion anzugeben. Das Problem ist die Begründung eines Energie-Impuls-Tensors, der die Quelle einer solchen kosmischen Expansion ist. Sie wäre mit einer hinreichend großen kosmologischen Konstanten zu erreichen. Dieser kosmologische Term müßte dann aber in der folgenden kosmischen Entwicklung nahezu kompensiert werden, da heutige Beobachtungen dafür sprechen, daß die kosmologische Konstante nicht bedeutend größer als 10^{-56} cm^{-2} ist.

Die Entwicklung auf dem Gebiet der Quantenfeldtheorie hat in dieser Frage weiteren Fortschritt gebracht. Hier sei an wesentliche Züge der Eichfeldtheorie erinnert, die für die diskutierte Fragestellung von Bedeutung sind. Das Feldsystem hat bei hinreichend tiefen Temperaturen einen stabilen Grundzustand, in dem der Erwartungswert des Higgs-Feldes von Null verschieden ist. Dadurch ist der Grundzustand weniger symmetrisch als die Bewegungsgleichungen der Felder (spontane Symmetriebrechung). Der Zustand des Higgs-Feldes, in dem der Erwartungswert gleich Null ist und der die Symmetrie der Feldgleichungen hat, ist bei diesen Temperaturen instabil. Er wird jedoch zum stabilen Grundzustand bei hinreichend hohen Temperaturen. Heute geht man allgemein davon aus, daß der heiße, überdichte Zustand der frühesten Phase kosmischer Entwicklung durch ein System von Feldern im Rahmen einer Eichfeldtheorie zu beschreiben ist. Die mit dem „Urknall" einsetzende starke kosmische Expansion führt schnell dazu, daß der Teilchengehalt der Felder für die Bestimmung der globalen Struktur des Universums bedeutungslos wird. Mit der Expansion ist auch eine Abkühlung verbunden. Und wenn sich das Higgs-Feld anfangs im symmetrischen Grundzustand befindet, wird mit zunehmender Abkühlung der Augenblick eintreten, wo dieser Grundzustand instabil wird. Für die kosmische Entwicklung ist es dann von entscheidender Bedeutung, wie lange das System noch bei weiterer Expansion in dem falschen Grundzustand bleibt. Denn in dieser Situation wirkt das Higgs-Feld wie ein kosmologischer Term und erzeugt die zur Erklärung der Isotropie der Hintergrundstrahlung gewünschte exponentielle Expansion [1].

Wird die Phase exponentieller Expansion („Inflation") durch einen Phasenübergang erster Art beendet, treten jedoch neue Probleme auf: Da dieser Übergang nicht überall zur gleichen Zeit einsetzt, entstehen einzelne Gebiete, in denen sich die Materie in der stabilen Phase befindet. Es zeigt sich dann aber, daß diese Gebiete nicht in dem notwendigen Maß zusammenwachsen, was eine großräumige Inhomogenität im Kosmos zur Folge haben müßte, die jedoch nicht beobachtet wird. Aus diesem Grund sind Modelle vorgeschlagen werden [2], in denen sich die Materie schon in der exponentiellen Expansionsphase in die stabile Phase zu wandeln beginnt. Auf diese Weise wird das oben erwähnte Homogenitätsproblem vermieden.

Für die globale Struktur des Universums ist der Anteil der Higgs-Felder am Gesamtsystem von entscheidender Bedeutung. Abhängig vom Modell, ist ein Higgs-Feld eine mehrkomponentige Größe, die jedoch bezüglich Raum-Zeit-Transformationen eine Menge von *Skalarfeldern* darstellt. Bisher wurde immer vorausgesetzt, daß sich die Higgs-Felder im Grundzustand befinden. Es sind jedoch auch Modelle betrachtet worden, in denen nicht von dieser Annahme ausgegangen wird [3] („chaotische Inflation").

Die bisherige Darstellung könnte den Eindruck erwecken, daß die sogenannte inflationäre Entwicklungsphase des Kosmos stark an die Eichfeldtheorie gekoppelt ist, vielleicht von den Potentialen abhängt, in die die Higgs-Felder eingehen. Dies scheint jedoch nicht der Fall zu sein. In [4] wurde nämlich gezeigt, daß ein gewöhnliches Skalarfeld ohne Selbstwechselwirkung „fast immer" eine inflationäre Entwicklungsphase liefert. Dabei wollen wir unter einem gewöhnlichen Skalarfeld ein solches verstehen, das mit dem Gravitationsfeld minimal gekoppelt ist. Und „fast immer" setzt solche Anfangswerte für das Skalarfeld voraus, daß die Anfangsenergiedichte Werte erreicht, wo die Gültigkeit der klassischen Gravitationstheorie vielleicht aufhört, nämlich von der Größenordnung L_P^{-4} ist ($L_P :=$ Plancksche Elementarlänge, wenn G, $\hbar$, $c = 1$ gesetzt werden).

3.2. Ein konform an die Krümmung der Raum-Zeit gekoppeltes Skalarfeld mit Selbstwechselwirkung im Robertson-Walker-Kosmos

Hier soll nun ein Modell diskutiert werden, das nicht von der minimalen, sondern von der konformen Kopplung von Skalarfeld und Gravitationsfeld ausgeht. In diesem Fall wird man auf den sogenannten „verbesserten" Energie-Impuls-Tensor des Skalarfeldes als Quelle des Gravitationsfeldes geführt, der im Rahmen von Renormierungsproblemen der Quantenfeldtheorie mehrfach diskutiert worden ist [5]. Eine wesentliche Eigenschaft dieses Energie-Impuls-Tensors ist es, daß seine Spur verschwindet, wenn der Massenparameter gleich Null ist. Das läßt vermuten, daß nicht mehr solche Verhältnisse möglich sind, in denen der Energie-Impuls-Tensor des Skalarfeldes wie ein kosmologischer Term wirkt. Will man dennoch eine inflationäre Phase der kosmischen Entwicklung haben, muß man einen kosmologischen Term einführen. Dies kann in natürlicher Weise geschehen, d. h., die kosmologische Konstante ist umgekehrt proportional dem Quadrat einer für die Theorie charakteristischen Länge.

Im folgenden bewegen sich alle Betrachtungen im Rahmen der klassischen Feldtheorie. Wir gehen von der Lagrange-Dichte

$$\mathcal{L}' = \frac{1}{2\varkappa}\left(1 - \frac{\varkappa hc}{6}\varphi^2\right)\sqrt{-g}\,R + \mathcal{L} - \frac{\Lambda}{\varkappa}\sqrt{-g} \tag{1}$$

mit

$$\mathcal{L} = -hc\sqrt{-g}\left[\frac{1}{2}g^{kl}\varphi_{,k}\varphi_{,l} - \frac{1}{2}\mu^2\varphi^2 + \frac{\lambda}{4!}\varphi^4\right] \tag{2}$$

aus. Die Signatur ist $(-,+,+,+)$. Aus dem Variationsprinzip

$$\delta\int\mathcal{L}'\mathrm{d}^4x = 0$$

folgen die Feldgleichungen

$$\begin{aligned} R_{ab} - \frac{1}{2}g_{ab}R + \left(1 - \frac{\varkappa hc}{6}\varphi^2\right)^{-1}\Lambda g_{ab} \\ = \frac{\varkappa hc}{1 - \frac{\varkappa hc}{6}\varphi^2}\left[\varphi_{,a}\varphi_{,b} - g_{ab}\left(\frac{1}{2}g^{cd}\varphi_{,c}\varphi_{,d} - \frac{1}{2}\mu^2\varphi^2 + \frac{\lambda}{4!}\varphi^4\right)\right] \\ + \frac{\varkappa hc}{6}\left(1 - \frac{\varkappa hc}{6}\varphi^2\right)^{-1}\varphi^2_{;mn}(-\delta_a{}^n\delta_b{}^m + g^{mn}g_{ab}) \end{aligned} \tag{3}$$

und

$$\Box\varphi + \left(\mu^2 - \frac{1}{6}R\right)\varphi - \frac{\lambda}{3!}\varphi^3 = 0. \tag{4}$$

Die Gleichung für das Skalarfeld formen wir noch etwas um. Aus (3) ergibt sich nämlich für den Krümmungsskalar R die Beziehung

$$R = -\varkappa hc\mu^2\varphi^2 + 4\Lambda \tag{5}$$

und damit für das Skalarfeld die Gleichung

$$\Box\varphi + \left(\mu^2 - \frac{2}{3}\Lambda\right)\varphi - (\lambda - \varkappa hc\mu^2)\frac{1}{3!}\varphi^3 = 0. \tag{6}$$

Die stationären, homogenen Lösungen von (6) (die Grundzustände) sind

$$\varphi_0 = 0 \tag{7}$$

und

$$\varphi_0^{\pm} = \pm\left[\frac{6\left(\mu^2 - \frac{2}{3}\Lambda\right)}{\lambda - \varkappa hc\mu^2}\right]^{1/2}. \tag{8}$$

Die kosmologische Konstante Λ modifiziert den Massenparameter, und die Selbstwechselwirkung wird durch die dimensionslose Zahl $\varkappa hc\mu^2$ beeinflußt. Wären Λ und $\varkappa hc\mu^2$ vernachlässigbar, würden wir für $\varphi_0^{\pm}$ die für den Grundzustand eines Higgs-Feldes im Minkowski-Raum charakteristischen Werte erhalten.

Es ist zu erwarten, daß für $a \to \infty$ das Skalarfeld φ nicht gegen $\varphi_0 = 0$ strebt. Aus diesem Grund sind wir nicht gezwungen anzunehmen, daß Λ größenordnungsmäßig 10^{-56} cm^{-2} nicht wesentlich überschreitet. Eine solche Annahme wäre ohnehin sehr unbefriedigend, weil die in das Modell eingehenden Längen $\sqrt{\varkappa hc}$ und μ^{-1} nicht auf eine so kleine Größe führen [6]. Vielmehr wollen wir aus bald ersichtlichen Gründen den Ansatz

$$\Lambda = \frac{3}{2} \varkappa hc \frac{\mu^4}{\lambda} \tag{9}$$

machen. Für die „großen unitären" Theorien (GUT) sind $\mu^2 \approx 10^{54}$ cm^{-2} und $\lambda \approx 10^{-8}$ charakteristische Werte. Damit folgt aus (9), daß $\Lambda \approx 10^{50}$ cm^{-2}. Im Bereich der Planckschen Einheiten und bei einer Selbstwechselwirkungskonstanten λ von der Größenordnung 1 ergäbe sich Λ zu L_p^{-2}. Mit (9) erhalten wir aus (8) die „speziell-relativistischen Größen"

$$\varphi_0^{\pm} = \pm\left(\frac{6\mu^2}{\lambda}\right)^{1/2}, \tag{10}$$

die für die GUT-Werte von der Größenordnung 10^{29} cm^{-1} sind.

3.2.1. Feldgleichungen und qualitative Eigenschaften der Lösungen

Wir betrachten nun kosmologische Modelle mit ebenen Raumschnitten. Mit dem Linienelement

$$ds^2 = dt^2 - a^2(t)\left(dr^2 + r^2(d\vartheta^2 + \sin^2\vartheta\, d\chi^2)\right) \tag{11}$$

reduzieren sich die Feldgleichungen auf

$$3\left(\frac{\dot a}{a}\right)^2 - \frac{\Lambda}{1 - \frac{\varkappa hc}{6}\varphi^2} = \frac{\varkappa hc}{1 - \frac{\varkappa hc}{6}\varphi^2}\left[\frac{\dot a}{a}\varphi\dot\varphi + \frac{\dot\varphi^2}{2} - \frac{\mu^2}{2}\varphi^2 + \frac{\lambda}{4!}\varphi^4\right] \tag{12}$$

und

$$\ddot\varphi + 3\frac{\dot a}{a}\dot\varphi - \left(1 - \frac{\varkappa hc\mu^2}{\lambda}\right)\mu^2\varphi + \frac{\lambda}{3!}\left(1 - \frac{\varkappa hc\mu^2}{\lambda}\right)\varphi^3 = 0. \tag{13}$$

Für die weiteren Rechnungen führen wir die dimensionslosen Größen

$$x = \sqrt{\frac{\varkappa hc}{6}}\,\varphi, \tag{14}$$

$$y = \sqrt{\frac{\varkappa hc}{6}}\,\frac{\dot\varphi}{\mu}, \tag{15}$$

$$z = \frac{1}{\mu}\frac{\dot a}{a} =: \frac{1}{\mu} H, \tag{16}$$

$$\eta = \mu ct, \tag{17}$$

$$\alpha = \frac{\varkappa hc\mu^2}{\lambda} \tag{18}$$

ein. Unter Beachtung von (9) erhalten wir dann das System

$$z^2 - \frac{2xyz}{1-x^2} - \frac{2\alpha y^2 + (\alpha - x^2)^2}{2\alpha(1-x^2)} = 0, \tag{19}$$

$$x_\eta - y = 0, \tag{20}$$

$$y_\eta + 3zy - (1-\alpha)\, x + \frac{1-\alpha}{\alpha}\, x^3 = 0. \tag{21}$$

(19) lösen wir nach z auf:

$$z = \frac{xy}{1-x^2} \pm \frac{1}{|1-x^2|}\left[y^2 + \frac{1}{2\alpha}(\alpha - x^2)^2 (1-x^2)\right]^{1/2}. \tag{22}$$

Für stetiges z kann das Vorzeichen in (22) nur wechseln, wenn

$$y^2 = -\frac{1}{2\alpha}(\alpha - x^2)^2 (1-x^2). \tag{23}$$

Das gilt für die isolierten Punkte $\left(\pm \sqrt{\alpha};\, 0\right)$ und die Menge

$$\left\{(x, y) \mid |x| \geqq 1, \qquad y^2 = -\frac{1}{2\alpha}(\alpha - x^2)^2 (1-x^2)\right\}.$$

Wir interessieren uns für den Fall, daß das Universum expandiert, wenn $x \to \sqrt{\alpha}$. Das bedeutet die Wahl des Pluszeichens in (22). Schließlich setzen wir (22) in (21) ein und erhalten das zu diskutierende Gleichungssystem

$$x_\eta = y, \tag{24}$$

$$y_\eta = -\frac{3xy^2}{1-x^2} \mp 3\, \frac{y}{|1-x^2|}\left[y^2 + \frac{1}{2\alpha}(1-x^2)(\alpha - x^2)^2\right]^{1/2} + (1-\alpha)\, x - \frac{1-\alpha}{\alpha}\, x^3, \tag{25}$$

wobei das obere Vorzeichen bei $x < 1$ gilt.

(24), (25) hat im Endlichen drei isolierte stationäre Punkte:

$$x_0 = 0, \qquad y_0 = 0, \tag{26}$$

$$x_1^+ = \sqrt{\alpha}, \qquad y_1^+ = 0, \tag{27}$$

$$x_1^- = -\sqrt{\alpha}, \qquad y_1^- = 0. \tag{28}$$

Den Charakter dieser singulären Punkte versuchen wir aus der Linearisierung von (26), (27), (28) zu bestimmen. In einer hinreichend kleinen Umgebung von (0; 0) gilt

$$x_\eta = y, \tag{29}$$

$$y_\eta = -3\sqrt{\frac{\alpha}{2}}\, y + (1-\alpha)\, x. \tag{30}$$

Nach den bekannten Verfahren [7] hat man dann

$$\begin{vmatrix} -\lambda' & 1 \\ 1-\alpha & -\dfrac{3\sqrt{\alpha}}{\sqrt{2}} - \lambda' \end{vmatrix} = \lambda'^2 + 3\sqrt{\frac{\alpha}{2}}\, \lambda' - 1 + \alpha = 0 \tag{31}$$

zu lösen, was

$$\lambda'_{1,2} = -\frac{3}{2}\sqrt{\frac{\alpha}{2}} \pm \left[1 + \frac{\alpha}{8}\right]^{1/2} \tag{32}$$

liefert. Mit den für GUT charakteristischen Werten ist $\sqrt{\alpha}$ von der Größenordnung 10^{-5}. (32) ergibt einen positiven und einen negativen Eigenwert. Somit ist (0; 0) ein Sattelpunkt. Für $\lambda_1 \approx +1$, $\lambda_2 \approx -1$ ist

$$x = Ae^{\eta} + Be^{-\eta} \tag{33}$$

$x \to 0$ für $\eta \to +\infty$ oder $\eta \to -\infty$ bei $A = 0$ oder $B = 0$. Der Expansionsfaktor $a(t)$ ergibt sich dann in einer hinreichend kleinen Umgebung von (0; 0) zu

$$a \approx \exp\left\{\left(\frac{\varkappa h c \mu^4}{\lambda}\right)^{1/2} ct\right\}. \tag{34}$$

Führen wir nun die gleiche Untersuchung in bezug auf die Punkte $\left(\pm\sqrt{\alpha}; 0\right)$ durch! Mit dem Ansatz

$$x = \sqrt{\alpha} + \xi \tag{35}$$

reduzieren sich (24), (25) auf

$$\xi_\eta = y, \tag{36}$$

$$y_\eta = -2(1 - \alpha)\,\xi. \tag{37}$$

Dann ist

$$\begin{vmatrix} -\lambda, & 1 \\ -2(1-\alpha), & -\lambda \end{vmatrix} = \lambda^2 + 2(1 - \alpha) = 0 \tag{38}$$

zu lösen, was

$$\lambda_{1,2} = \pm i\sqrt{2(1 - \alpha)} \tag{39}$$

ergibt. Die Gleichung (39) führt auf geschlossene Trajektorien, und wir würden schließen, daß die singulären Punkte $\left(\pm\sqrt{\alpha}; 0\right)$ Wirbelpunkte sind. Nach (13) wird man aber erwarten, daß in Wirklichkeit Strudelpunkte vorliegen, weil in der Schwingungsgleichung noch ein Dämpfungsterm auftritt. Dieser Term wird bei der Linearisierung gerade vernachlässigt. Um ein exakteres Bild von dem Verhalten der Lösungen in den Umgebungen von $\left(\pm\sqrt{\alpha}; 0\right)$ zu erhalten, gehen wir mit dem Ansatz

$$x = \sqrt{\alpha} + \frac{1}{\eta} A \sin(\omega\eta) + \frac{1}{\eta^2}\left(B \sin^2(\omega\eta) + C \cos^2(\omega\eta)\right) \tag{40}$$

$$y = \frac{1}{\eta} A\omega \cos(\omega\eta) + \frac{1}{\eta^2}\left[-A \sin(\omega\eta) + 2\omega(-C + B) \cos(\omega\eta) \sin(\omega\eta)\right] \tag{41}$$

in (24), (25) ein (analog für $\left(-\sqrt{\alpha}; 0\right)$!). Dabei ist (nach (39))

$$\omega = \sqrt{2(1 - \alpha)}$$

und wir berücksichtigen nur Terme bis zur Ordnung η^{-2}. Durch Koeffizientenvergleich in der schließlich resultierenden Gleichung

$$\begin{aligned}&-2A\omega\cos(\omega\eta)+2\omega^2(B-C)\left[\cos^2(\omega\eta)-\sin^2(\omega\eta)\right]\\&=-\frac{3}{1-\alpha}A^2\omega^2\cos(\omega\eta)-\left[\frac{3\sqrt{\alpha}}{1-\alpha}A^2\omega^2+2(1-\alpha)\,C\right]\cos^2(\omega\eta)\\&\quad-\left[2(1-\alpha)\,B+\frac{3}{\sqrt{\alpha}}A^2\right]\sin^2(\omega\eta)\end{aligned}\tag{42}$$

erhalten wir für die Konstanten A, B und C die Ausdrücke

$$A=\frac{\omega}{3},\tag{42 a}$$

$$B=-\frac{1+3\alpha}{9\sqrt{\alpha}},\tag{42 b}$$

$$C=-\frac{2}{9\sqrt{\alpha}}.\tag{42 c}$$

Mit dieser Näherung ergibt sich für z

$$z=\frac{2}{3}\frac{1}{\eta}\left(1+\sqrt{\alpha}\cos(\omega\eta)\right),\tag{43}$$

was nach Integration für große t das Expansionsgesetz

$$a=a_0\left(\frac{t}{t_0}\right)^{2/3}\exp\left\{\frac{2}{3}\sqrt{\alpha}\int\limits_{ct_0}^{ct}\frac{\cos(\omega\mu\tau)}{\tau}\,d\tau\right\}\tag{44}$$

liefert.

Das Integral in (44) konvergiert für $t\to\infty$, und somit erhalten wir (bis auf Schwingungen) für große t das aus der Einsteinschen Theorie bekannte Verhalten des Expansionsfaktors eines Einstein-de-Sitter-Universums.

Starteten wir statt dessen von den Einsteinschen Gleichungen und wählten wir den Energie-Impuls-Tensor eines minimal an das Gravitationsfeld gekoppelten massiven Skalarfeldes, wäre das Ergebnis

$$\frac{\dot{a}}{a}=\frac{2}{3}\frac{1}{ct}\tag{45 a}$$

und schließlich

$$a=a_0\left(\frac{t}{t_0}\right)^{2/3}.\tag{45 b}$$

Die Vermutung, daß der Unterschied zwischen (44) und (45b) an der Kopplung von Gravitations- und Skalarfeld liegt, wird von der folgenden Rechnung bestätigt. Gehen wir nämlich von der Lagrange-Dichte

$$\mathcal{L}'' = \frac{1}{2\varkappa} \sqrt{-g}\, R + \mathcal{L} - \frac{\Lambda}{\varkappa} \sqrt{-g} \tag{46}$$

aus, kommen wir unter den schon weiter oben gemachten Voraussetzungen auf das Gleichungssystem

$$z = \left[y^2 + \frac{1}{2\alpha} (x^2 - \alpha)^2 \right]^{1/2} \tag{47}$$

$$x_\eta = y \tag{48}$$

$$y_\eta = -3y \left[y^2 + \frac{1}{2\alpha} (x^2 - \alpha)^2 \right]^{1/2} + x - \frac{1}{\alpha} x^3 . \tag{49}$$

Der Ansatz (40), (41) liefert in diesem Fall

$$\omega = \sqrt{2} \tag{50}$$

$$A = \frac{\sqrt{2}}{3} \tag{51}$$

$$B = -\frac{1}{9} \frac{1}{\sqrt{\alpha}} \tag{52}$$

$$C = -\frac{2}{9} \frac{1}{\sqrt{\alpha}} \tag{53}$$

und

$$\frac{\dot{a}}{a} = \frac{2}{3} \frac{1}{ct} \tag{54}$$

und damit schließlich wieder (45b). Es sind also nicht die unterschiedlichen Skalarfelder, sondern es ist mehr die Art der Kopplung an das Gravitationsfeld, die zu den etwas abweichenden Expansionsgesetzen für große t führt.

Es bleibt zu untersuchen, welche kosmologischen und astrophysikalischen Konsequenzen sich aus einem Expansionsgesetz ergeben, das für große t in (44) übergeht. Zu erwähnen ist hier vor allem, daß sich die Länge von Zeitintervallen ändern kann, was von Bedeutung für die Störungstheorie und damit für das Problem der Bildung von Galaxien sein könnte. Hierfür bedarf es aber wohl eines vollständigeren Modells. Denn man wird kaum davon ausgehen können, daß ein Higgs-Feld mit dem von ihm erzeugten Gravitationsfeld die wesentlichen Züge der kosmischen Entwicklung erfaßt. Nach heutiger Ansicht vermutet man z. B., daß die Skalarfeldfluktuationen um den asymmetrischen Grundzustand in Strahlung umgewandelt werden. Das würde dann zu einer erneuten Aufheizung des Kosmos führen, wenn dieser vorher durch eine inflationäre Phase mit starker Abkühlung gegangen ist. Einen solchen Mechanismus haben wir nicht in dem hier betrachteten Modell: Für $t \to \infty$ wird die Energie des Skalarfeldes durch Expansion verdünnt.

3.2.2. Besonderheiten des Modells

Auf einige Besonderheiten dieses Modells soll hier ausdrücklich aufmerksam gemacht werden. 1. Ein Higgs-Feld unterscheidet sich grundlegend von einem herkömmlichen massiven Skalarfeld. Mit einer immer schwächeren Selbstwechselwirkung ($\lambda \to 0$) nähert man sich bei einem Higgs-Feld nicht einem gewöhnlichen Skalarfeld. Die Grundzustände $\varphi_0^{\pm}$ gehen dabei nicht gegen Null, sondern gegen Unendlich. Es müßte schon der Masseparameter μ entsprechend schnell gegen Null gehen, um Anschluß an ein ruhmasseloses Skalarfeld zu gewinnen. 2. Vom elektromagnetischen Feld wissen wir, daß die Spur seines Energie-Impuls-Tensors verschwindet. Das ist nicht der Fall für ein ruhmasseloses Skalarfeld, das minimal an das Gravitationsfeld gekoppelt ist. Ein Kopplungsterm der Form $\varphi^2 R$ führt auf den schon erwähnten „verbesserten" Energie-Impuls-Tensor, dessen Spur verschwindet, wenn $\mu = 0$ ist. Dieses Ergebnis ist unabhängig davon, ob Selbstwechselwirkung vorliegt oder nicht. Mit der Einführung des Terms $\varphi^2 R$ machen wir also bei $\mu^2 \to 0$ das Skalarfeld dem Strahlungsfeld ähnlich. Dies erkennt man auch, wenn man den Tensor

$$\Theta_{kl} = T_{kl} + \frac{hc}{6}\, \varphi^2_{;mn}(-\delta_k{}^m \delta_l{}^n + g^{mn} g_{kl}) \tag{55}$$

mit

$$T_{kl} = hc \left[\varphi_{,k}\varphi_{,l} - g_{kl} \left(\frac{1}{2}\, g^{cd} \varphi_{,c}\varphi_{,d} - \frac{1}{2}\, \mu^2\varphi^2 + \frac{\lambda}{4!}\, \varphi^4 \right) \right] \tag{56}$$

auf die hier betrachteten kosmologischen Verhältnisse spezialisiert. Unter Beachtung der Feldgleichung (6) und der Annahme (9) erhält man

$$\begin{aligned}\Theta_{kl} = hc &\left[\left(\frac{2}{3}\, \dot\varphi^2 - \frac{1-\alpha}{3}\, \mu^2\varphi^2 + \frac{\lambda(1-\alpha)}{18}\, \varphi^4 + \frac{\dot a}{a}\, \varphi\dot\varphi \right) \delta_k{}^0 \delta_l{}^0 \right. \\ &\left. + g_{kl} \left(\frac{1}{6}\, \dot\varphi^2 + \frac{1+2\alpha}{6}\, \mu^2\varphi^2 + \frac{\lambda(1-4\alpha)}{72}\, \varphi^4 \right) + \frac{1}{3}\, a\dot a \varphi\dot\varphi \delta_k{}^\alpha \delta_l{}^\beta \delta_{\alpha\beta} \right]. \end{aligned} \tag{57}$$

Die Spur von (57) ist

$$\Theta = hc\mu^2\varphi^2 \left[1 + \alpha - \frac{\varkappa hc}{6}\, \varphi^2 \right]. \tag{58}$$

Sie verschwindet für $\mu^2 = 0$. Den Energie-Impuls-Tensor (57) könnte man auch als Energie-Impuls-Tensor einer idealen Flüssigkeit ansehen. Der Vergleich mit

$$\Theta_{kl} = (\varrho + p)\, \delta_k{}^0 \delta_l{}^0 + g_{kl} p \tag{59}$$

liefert für die Dichte ϱ und den Druck p die Ausdrücke

$$\varrho = hc \left[\frac{1}{2}\, \dot\varphi^2 - \frac{1}{2}\, \mu^2\varphi^2 + \frac{\lambda}{4!}\, \varphi^4 + \frac{\dot a}{a}\, \varphi\dot\varphi \right], \tag{60}$$

$$p = \frac{hc}{3} \left[\frac{1}{2}\, \dot\varphi^2 + \frac{1+2\alpha}{2}\, \mu^2\varphi^2 + \frac{\lambda(1-4\alpha)}{4!}\, \varphi^4 + \frac{\dot a}{a}\, \varphi\dot\varphi \right]. \tag{61}$$

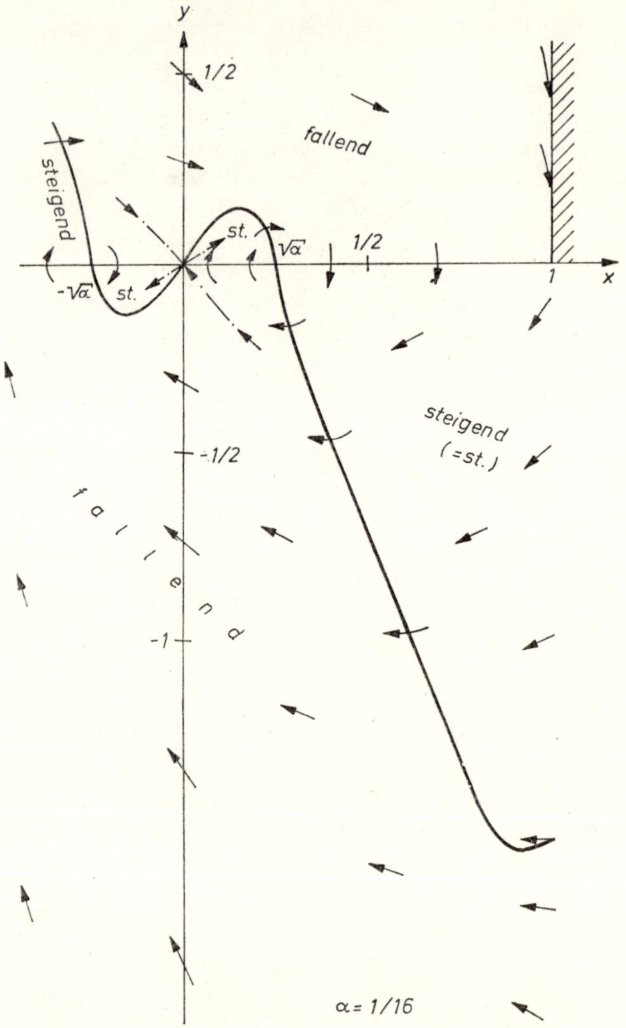

Abb. 3.1

Wenn $\mu^2 = 0$, geben (60) und (61) die Zustandsgleichung der Strahlung $p = \varrho/3$. Ein massives Skalarfeld liefert dagegen die Größen

$$\tilde{\varrho} = \frac{1}{2}\, hc[\dot{\varphi}^2 + \mu^2\varphi^2], \tag{62}$$

$$\tilde{p} = \frac{1}{2}\, hc[\dot{\varphi}^2 - \mu^2\varphi^2]. \tag{63}$$

In diesem Fall lautet die Zustandsgleichung $\tilde{p} = \tilde{\varrho}$, falls $\mu^2 = 0$. Sie unterscheidet sich wesentlich von der Zustandsgleichung für Strahlung. Außerdem erkennt man, daß für $\dot{\varphi}^2 \ll \mu^2\varphi^2$ der Energie-Impuls-Tensor eines massiven Skalarfeldes wie ein kosmologischer Term wirkt. Das erklärt das Auftreten der inflationären Phase in der kosmischen Entwicklung [4]. Auf der anderen Seite zeigen (60) und (61), daß der Energie-Impuls-Tensor (57) *unter den gleichen Voraussetzungen* nicht die Form eines kosmologischen Terms hat. Um auch in dem hier betrachteten Modell die Möglichkeit einer inflationären Phase einzuschließen, wurde deshalb in die Lagrange-Dichte (1) das kosmologische Glied explizit eingesetzt. Mit der Annahme (9) wird dann erreicht, daß die Expansion für $t \to \infty$ etwa dem Einstein-de-Sitter-Gesetz folgt. Für $\varphi = \varphi_0^{\pm}$ hat der Energie-Impuls-Tensor (57) nämlich die Form des kosmologischen Terms mit einer kosmologischen Konstanten $(-3/2)\,\mu^4/\lambda$, und dieser Term wird mit dem Ansatz (9) kompensiert.

Für ein Skalarfeld im herkömmlichen Sinn mit nicht ausgeschlossener Selbstwechselwirkung ist der Nullpunkt des Phasenraumes kein Sattelpunkt, sondern ein Strudelpunkt. Und bei konformer Kopplung an das Gravitationsfeld sollte man nicht das Auftreten einer inflationären Entwicklung erwarten können.

3.2.3. Abhängigkeit der Lösungen von den Anfangswerten

Abb. 3.1 zeigt, wie sich das Higgs-Feld nach Vorgabe von Anfangswerten entwickelt. Die Pfeile deuten in Richtung wachsender Zeit. Auf der ausgezogenen Linie hat die „Geschwindigkeit" des Higgs-Feldes ihre Extremwerte ($dy/dx = 0$). (24), (25) und damit auch das Phasenraumdiagramm sind gegenüber der Transformation $x \to -x$, $y \to -y$ invariant. Die Strich-Punkt-Linien sind Abschnitte einer in den Sattelpunkt einlaufenden bzw. aus ihm auslaufenden Separatrix. In einer hinreichend kleinen Umgebung von (0; 0) führen sie zu dem exponentiellen Expansionsgesetz (34). Die Linien $x = 1$, $y \geqq 0$ und $x = -1$, $y \leqq 0$ können nicht regulär durchstoßen werden. Wenn dagegen die zu $x = 1$ gehörenden Werte von y und z die Bedingung

$$yz + \frac{1}{2}y^2 - \frac{1}{2}\left(1 - \frac{1}{2\alpha}\right) = 0 \tag{64}$$

erfüllen, gehen die Trajektorien regulär durch die Linien $x = 1$, $y < 0$ und $x = -1$, $y > 0$. Exponentielle Expansion tritt für hinreichend kleine x, y auf. Diese Phase ist um so länger, je näher die Trajektorie $x = 0, y = 0$ kommt. Das Phasenraumdiagramm läßt erkennen, daß verschiedene Anfangswertbereiche die Lösung in die Umgebung von (0; 0) führen werden. Eine quantitative Charakterisierung der Menge dieser Anfangswerte steht noch aus.

Literatur

[1] Guth, A.: Phys. Rev. **D23** (1981) 347.

[2] Linde, A. D.: Rep. Prog. Phys. **47** (1984) 925.

[3] Linde, A. D.: Uspechi fiz. Nauk **144** (1986) 177.

[4] Belinsky, V. A.; Grishchuk, L. P.; Khalatnikov, I. M.; Zeldovich, Ya. B.: Phys. Lett. **B155** (1985) 232

[5] Callan, Jr. C. G.; Coleman, S.; Jackiw, R.: Ann. Phys. (N.Y.) **59** (1970) 42.

[6] Kasper, U.: Gen. Rel. Grav. **17** (1985) 725.

[7] Kamke, E.: Differentialgleichungen reeller Funktionen. Leipzig: Akademische Verlagsgesellschaft Geest & Portig K.-G. 1956.

4. Ein singularitätsfreies kosmologisches Modell

Von Stefan Gottlöber

4.1. Das Singularitätsproblem in der Kosmologie

Bereits in dem ersten Modell eines Evolutionskosmos, das 1922 von A. Friedman [1] im Rahmen der Einsteinschen Gravitationstheorie aufgestellt wurde, zeigte sich eine charakteristische Schwierigkeit der Weltmodelle in der Allgemeinen Relativitätstheorie: Der metrische Tensor, der als Lösung der Feldgleichungen der Allgemeinen Relativitätstheorie das zeitliche Verhalten des kosmologischen Modells beschreibt, besitzt zu einem endlichen Zeitpunkt in der Vergangenheit eine Nullstelle. Dabei handelt es sich um eine echte Singularität der Raum-Zeit, in der Energiedichte, Druck und Temperatur der Materie formal unendlich groß sind. Der Zeitpunkt wird als Anfangspunkt der kosmologischen Entwicklung genommen. Eine analytische Fortsetzung der Metrik darüber hinaus ist physikalisch sinnlos. Mathematische Untersuchungen haben ergeben, daß diese Aussage nicht auf die unter der speziellen Annahme der räumlichen Homogenität und Isotropie aufgestellten Friedmanschen Weltmodelle beschränkt ist. Unter sehr allgemeinen Annahmen über die Struktur des Energie-Impuls-Tensors der Materie (Energiebedingungen) wurde bewiesen, daß alle kosmologischen Modelle der Allgemeinen Relativitätstheorie die Entwicklung des Universums mit einem singulären Zustand beginnend beschreiben [2]. Das ist das Singularitätsproblem in der Kosmologie.

Will man nun der Frage nach der Vermeidung der kosmologischen Singularität nachgehen, muß man untersuchen, ob die Bedingungen, die dem Beweis der Singularitätstheoreme zugrunde liegen, unter bestimmten Voraussetzungen gebrochen werden können. Dies betrifft einerseits die Frage nach der uneingeschränkten Gültigkeit der Einsteinschen Gravitationstheorie und andererseits die Frage nach Quellen des Gravitationsfeldes, die die für den Beweis der Singularitätstheoreme vorausgesetzten Energiebedingungen verletzen. Eines der Ziele konkurrierender Gravitationstheorien ist gerade die Vermeidung von Singularitäten in den Lösungen der Gravitationsfeldgleichungen. Dies läßt sich etwa erreichen, wenn man alte Ideen von Neumann über die Absorption der Schwerkraft durch den leeren Raum oder von Bottlinger [3] über die Absorption der Schwerkraft durch die Materie selbst im Rahmen relativistischer Gravitationsfeldgleichungen aufgreift. In gewisser Weise verwirklichen die Einsteinschen Gleichungen mit kosmologischem Term das Neumannsche Konzept [4], während die von Treder [5, 6] vorgeschlagene Tetradentheorie der Gravitation Bottlingers Konzept realisiert, indem die Materie mittels der Tetraden $h_A{}^\mu$ potentialartig an die Gravitation angekoppelt wird. Das Singularitätsverhalten der Tetradengleichungen wurde in [7] diskutiert.

Nimmt man dagegen die uneingeschränkte Gültigkeit der Allgemeinen Relativitätstheorie an, läßt sich die kosmologische Singularität nur vermeiden, wenn die Materie die starke Energiebedingung

$$T_{\mu\nu} W^{\mu} W^{\nu} \geqq \frac{1}{2} W_{\mu} W^{\mu} T \tag{1}$$

verletzt [2, 8] (W^{μ} ist ein beliebiger zeitartiger Vektor, $W_{\mu} W^{\mu} > 0$.), während die schwache Energiebedingung

$$T_{\mu\nu} W^{\mu} W^{\nu} \geqq 0 \tag{2}$$

erfüllt bleibt. Für den Energie-Impuls-Tensor einer idealen Flüssigkeit im Ruhesystem $T_{\mu}{}^{\nu} = \operatorname{diag}(\varepsilon, -p, -p, -p)$ reduziert sich die starke Energiebedingung auf die Forderung $\varepsilon + 3p \geqq 0$ und die schwache auf $\varepsilon \geqq 0$, $\varepsilon + p \geqq 0$. Das klassische massive Skalarfeld ist ein Beispiel für ein Materiefeld, das die starke Energiebedingung verletzen kann [2].

Vermeidung der kosmologischen Singularität bedeutet hier zunächst, daß die kosmologische Entwicklung mit einem Zustand endlicher Dichte beginnt, d. h., daß eine vorhergehende Kontraktion gestoppt wird und in Expansion übergeht. Behält man die Forderung (2) nach einer positiven Energiedichte bei und erlaubt eine Verletzung der starken Energiebedingung (1), dann läßt sich der Übergang von einem kontrahierenden zu einem expandierenden Kosmos realisieren, allerdings muß der räumliche Teil der Metrik positiv gekrümmt sein, d. h., die Singularität läßt sich auf diese Weise nur in einem geschlossenen Kosmos vermeiden [9].

Wenn ein massives Skalarfeld die Quelle des kosmologischen Gravitationsfeldes ist, dann kann der Skalenfaktor in einem geschlossenen Kosmos im Prinzip während der Kontraktion einen Minimalwert erreichen, und die Kontraktion kann in Expansion übergehen. Die Phase der kohärenten Skalenfeldschwingungen muß jedoch dabei sehr genau auf die kosmologische Expansion abgestimmt sein, und jede kleine Störung führt unweigerlich dazu, daß das Modell in einer Singularität endet, wobei sich das Skalarfeld wie ultraharte Materie ($p = \varepsilon$) verhält [10]. Die Kontraktionsphase ist instabil und führt auf jeden Fall zu einem Zustand unendlicher Dichte, so daß das Modell auf diese Weise die kosmologische Singularität nicht vermeidet.

Bereits Planck hat aus den drei Fundamentalkonstanten der Physik, aus der Gravitationskonstanten G, der Lichtgeschwindigkeit c und dem Wirkungsquantum h eine elementare Längen-, Zeit- und Masseneinheit gebildet:

$$l_{\mathrm{P}} = \sqrt{\frac{hG}{c^3}}, \qquad t_{\mathrm{P}} = \frac{l_{\mathrm{P}}}{c}, \qquad m_{\mathrm{P}} = \sqrt{\frac{hc}{G}}. \tag{3}$$

Die Bedeutung dieser natürlichen Einheiten liegt nun darin, daß sie in einer Quantentheorie des Gravitationsfeldes als ununterschreitbare Meßschranken für Längenmessungen (l_{P}) und Zeitmessungen (t_{P}) fungieren [11]. Andererseits grenzen sie in der Kosmologie die Anwendbarkeit der klassischen Gravitationstheorie auf Zeiten $t > t_{\mathrm{P}}$ (gerechnet nach der Singularität) bzw. Dichten $\varrho < \varrho_{\mathrm{P}} = m_{\mathrm{P}}/l_{\mathrm{P}}^3$ ein. Im Rahmen der Quantentheorie der Gravitation sind Versuche unternommen worden, das Singularitätsproblem der Einsteinschen Gravitationstheorie in der Kosmologie dadurch zu lösen, daß die Entstehung des Universums in einem Quantenprozeß postuliert wird [12, 13]. Es ist räumlich geschlossen und besitzt daher keine Ladungen [14], so daß die heute beobachtete Ladungsasymmetrie der Baryonenladung zu einem späteren Zeitpunkt erst generiert werden muß. Wenn das als Quantenfluktuation entstandene Universum natürlicherweise durch Plancksche Größen charakterisiert wird, d. h. bei einer Ausdehnung l_P eine Masse m_P besitzt, besteht die Frage, wie es auf die heutige Größe mit einem Weltradius von mindestens $cH^{-1} \approx 10^{28}$ cm (H ist die Hubble-Konstante) aufgebläht werden kann [15]. Tatsächlich würde sich bei einem rein Friedmanschen Verhalten die ursprüngliche Plancksche Dichte während der Expansion um 180 Größenordnungen (im Fall des Staubkosmos) bis 240 Größenordnungen (im Fall des Strahlungskosmos) verringern, was um viele Größenordnungen unter der beobachteten mittleren Dichte des Universums läge.

Äquivalent dazu ist in gewisser Weise die Frage nach der Herkunft der Eddingtonschen großen Zahlen. In der von Treder [16, 17] und Landsberg [18] vorgeschlagenen Massenskala wird die Masse des Universums (innerhalb des Radius $R \approx cH^{-1}$) mit

$$M \approx \omega^{3/2} m_P \tag{4}$$

abgeschätzt, wobei $\omega = hc/Gm_0^2 \approx 10^{40}$ die Eddingtonsche Zahl ist (m_0 = Baryonenmasse). Dagegen ist der ursprüngliche Kosmos durch $M \approx m_P$ charakterisiert. Während der Friedmanschen Expansion kann die durch die Eddingtonsche Zahl ausgedrückte große Masse nicht entstanden sein, sie muß ihren Ursprung daher in einem vorangegangenen Expansionsstadium haben.

Das in einem Quantenprozeß entstandene Universum hat zum Zeitpunkt $t = 0$ (dem Anfangspunkt der im Rahmen der klassischen Theorie zu beschreibenden kosmologischen Entwicklung) eine endliche Ausdehnung von der Größenordnung l_P, die Anfangsgeschwindigkeit der Expansion und damit die Hubble-Zahl ist Null [19]. Das entspricht formal den Bedingungen in einem Minimum des Weltradius des geschlossenen Universums bei $t = 0$. (Tatsächlich gibt es jedoch keine Raum-Zeit für $t < 0$.) Das bedeutet, daß an dieser Stelle die starke Energiebedingung (1) verletzt ist. Das neu entstandene Universum muß daher Materie enthalten, die eine Verletzung der starken Energiebedingung erlaubt.

Im folgenden werden wir sehen, daß ein klassisches massives Skalenfeld sowohl die Bedingungen im Anfangspunkt der kosmologischen Entwicklung im Rahmen des vorgestellten Konzepts realisieren als auch ein exponentialartiges Aufblähen des Universums bewirken kann, wobei dieses Zwischenstadium auf natürliche Weise durch die gewöhnliche Friedmansche Expansion abgelöst wird.

4.2. Das massive Skalarfeld als Quelle des kosmologischen Gravitationsfeldes

In den Einsteinschen Gleichungen

$$R_{\mu\nu} - \frac{1}{2} g_{\mu\nu} R = 8\pi G T_{\mu\nu} \tag{5}$$

muß der Energie-Impuls-Tensor $T_{\mu\nu}$ der Materie, die Quelle des Gravitationsfeldes ist, spezifiziert werden. (In der Gleichung (5) und im weiteren setzen wir für die Lichtgeschwindigkeit $c = 1$, ebenso werden wir für das Plancksche Wirkungsquantum, wenn es im weiteren auftritt, $\hbar = 1$ setzen.) Gewöhnlich wird in der Kosmologie als Quelle des Gravitationsfeldes eine ideale Flüssigkeit mit der *a* priori eingeführten Zustandsgleichung $p = \varepsilon/3$ (Strahlungskosmos) oder $p = 0$ (Staubkosmos) angenommen. Wir wollen hier die Bedeutung erörtern, die ein Materiefeld für die kosmologische Entwicklung haben kann. In diesem Fall erhält man den Energie-Impuls-Tensor $T_{\mu\nu}$ aus der Lagrange-Funktion des Materiefeldes, wobei gleichzeitig in der gegebenen Metrik die Feldgleichungen des Materiefeldes (als Bewegungsgleichung) abgeleitet werden, die die a priori eingeführte Zustandsgleichung der Materie ersetzen.

Es bleibt die Frage, ob man in der Kosmologie von einem klassischen Materiefeld ausgehen kann oder es quantisiert annehmen soll. Møllers Vorschlag lautete [20], in einer ersten Näherung zur Quantentheorie der Gravitation den Energie-Impuls-Tensor auf der rechten Seite der Gleichung (5) durch den Erwartungswert $\langle\hat{T}_{\mu\nu}\rangle$ eines Operators zu ersetzen. Wir folgen Treder [21], der mit Dirac argumentiert, daß ein derartiger Zugang Interpretationsschwierigkeiten ergibt und erst eine Quantelung beider Seiten der Gleichung (5) zu einer konsequenten Quantentheorie der Gravitation führen kann.

Im weiteren untersuchen wir das Verhalten des klassischen massiven Skalarfeldes. Die Lagrange-Funktion lautet im Fall minimaler Kopplung

$$\mathcal{L} = \frac{1}{2}\sqrt{-g}\,(\varphi_{,\mu}\varphi^{,\mu} - m^2\tilde{\varphi}^2), \tag{6}$$

wobei Selbstwechselwirkungsterme ($\sim \varphi^4$) nicht berücksichtigt werden und das Vorzeichen von $m^2\varphi^2$ so gewählt wurde, daß das Skalarfeld im Minkowski-Raum die gewöhnliche Klein-Gordon-Gleichung erfüllt. Durch Variation der Lagrange-Funktion (6) nach den Komponenten des metrischen Tensors erhält man den Energie-Impuls-Tensor

$$T_{\mu\nu} = \varphi_{,\mu}\varphi_{,\nu} - \frac{1}{2}\,g_{\mu\nu}(\varphi_{,\alpha}\varphi^{,\alpha} - m^2\varphi^2) \tag{7}$$

und durch Variation nach der Feldfunktion die Feldgleichung des massiven Skalarfeldes

$$g^{\mu\nu}\varphi_{,\mu;\nu} + m^2\varphi = 0\,. \tag{8}$$

Von einem kohärenten Skalarfeld kann die starke Energiebedingung

$$T_0{}^0 - \frac{1}{2}\,\delta_0{}^0 T = \dot{\varphi}^2 - \frac{1}{2}\,m^2\varphi^2 \geqq 0 \tag{9}$$

offensichtlich gebrochen werden. Wir wollen das Verhalten des massiven Skalarfeldes in einem geschlossenen Friedman-Universum mit der Metrik

$$\mathrm{d}s^2 = \mathrm{d}t^2 - a^2(t)\left[\frac{\mathrm{d}r^2}{1-r^2} + r^2(\sin^2\theta\,\mathrm{d}\varphi^2 + \mathrm{d}\theta^2)\right] \tag{10}$$

untersuchen. Die Forderung nach Homogenität bedeutet, daß das skalare Feld nur von der Zeit abhängen darf. Mit $\varphi = \varphi(t)$ erhält der Energie-Impuls-Tensor die Gestalt

$$T_0{}^0 = \frac{1}{2}\,(\dot{\varphi}^2 + m^2\varphi^2) = \varepsilon, \tag{11}$$

$$T_i{}^k = -\frac{1}{2}\,\delta_i{}^k(\dot{\varphi}^2 - m^2\varphi^2) = -p\delta_i{}^k, \tag{12}$$

$$T_0{}^i = T_i{}^0 = 0, \tag{13}$$

und die Bewegungsgleichung (8) reduziert sich auf

$$\ddot{\varphi} + 3\,\frac{\dot{a}}{a}\,\dot{\varphi} + m^2\varphi = 0\,. \tag{14}$$

Die Forderung nach Homogenität stellt eine starke Einschränkung für das Materiefeld dar. Wir wollen diese Forderung aufgeben und feststellen, welches Aussehen der Energie-Impuls-Tensor erhält, wenn man nur eine gemittelte Homogenität über Bereiche annimmt, die groß gegenüber der Compton-Wellenlänge der skalaren Teilchen sind. Zu diesem Zweck schreiben wir mit $r = \sin\chi$ das Linienelement (10) in der Form

$$ds^2 = dt^2 - a^2(t)\,(d\chi^2 + \sin^2\chi(\sin^2\theta\,d\varphi^2 + d\theta^2))\,, \tag{15}$$

so daß die Bewegungsgleichung (8) die Gestalt

$$\begin{aligned} &\frac{1}{a^3}\,\frac{\partial}{\partial t}\left(a^3\,\frac{\partial}{\partial t}\right)\varphi - \Delta\varphi + m^2\varphi = 0\,,\\ &\Delta = \frac{1}{a^2\sin^2\chi}\left\{\frac{\partial}{\partial\chi}\left(\sin^2\chi\,\frac{\partial}{\partial\chi}\right) + \frac{1}{\sin\theta}\,\frac{\partial}{\partial\theta}\left(\sin\theta\,\frac{\partial}{\partial\theta}\right) + \frac{1}{\sin^2\theta}\,\frac{\partial}{\partial\varphi^2}\right\} \end{aligned} \tag{16}$$

annimmt. Die Lösung von (16) suchen wir in der Form [22]

$$\varphi(\boldsymbol{x}, t) = \tilde{\varphi}(t)\,\Phi_n(\boldsymbol{x})\,. \tag{17}$$

Die Kugelfunktionen $\Phi_n(\boldsymbol{x})$ auf der dreidimensionalen Kugelfläche sind Eigenfunktionen des Δ-Operators

$$\Delta\Phi_n = -\frac{1}{a^2}\,n(n+2)\,\Phi_n\,. \tag{18}$$

Sie haben die Gestalt

$$\begin{aligned} \Phi_n &= S_n{}^l(\chi)\;Y_l(\theta, \varphi)\\ S_n{}^l &= (1 - x^2)^{l/2}\,\frac{d^l}{dx^l}\,S_n\\ S_n &= \frac{1}{\sqrt{x^2 - 1}}\,\frac{d^n}{dx^n}\,(x^2 - 1)^{n+\frac{1}{2}}\\ x &= \cos\chi\,, \end{aligned} \tag{19}$$

wobei die $Y_l(\theta, \varphi)$ die gewöhnlichen Kugelfunktionen sind. Die Gleichung (16) ergibt für den zeitabhängigen Teil $\tilde{\varphi}(t)$

$$\ddot{\tilde{\varphi}} + 3\,\frac{\dot{a}}{a}\,\tilde{\varphi} + \left(\frac{n(n+2)}{a^2} + m^2\right)\tilde{\varphi} = 0\,. \tag{20}$$

Der Energie-Impuls-Tensor ist mit (17) zunächst ortsabhängig. Wir fixieren nun n und gehen zu einer räumlich gemittelten Energiedichte über:

$$\overline{T}_0{}^0 = \frac{\dfrac{1}{2}\displaystyle\int\left\{\dot{\varphi}^2 + m^2\varphi^2 + \frac{1}{2}\,\gamma_{ik}\varphi^{,i}\varphi^{,k}\right\}\sqrt{\gamma}\;d^3x}{\displaystyle\int\sqrt{\gamma}\;d^3x}\,. \tag{21}$$

Vom dritten Term spalten wir eine Divergenz ab und erhalten unter Benutzung der Eigenwertgleichung (18) schließlich

$$\overline{T}_0{}^0 = \frac{1}{2}\left(\dot{\tilde{\varphi}}^2 + \left(m^2 + \frac{n(n+2)}{a^2}\right)\tilde{\varphi}^2\right) K_n \tag{22}$$

mit der Abkürzung

$$K_n = \frac{\int \Phi_n{}^2 \sqrt{\gamma}\, \mathrm{d}^3x}{\int \sqrt{\gamma}\, \mathrm{d}^3x} \tag{23}$$

Nach dem gleichen Verfahren mitteln wir den Druck (nicht die Komponenten des Energie-Impuls-Tensors einzeln) und erhalten

$$\overline{T}_i{}^k = -\frac{1}{2}\,\delta_i{}^k\left(\dot{\tilde{\varphi}}^2 - m^2\tilde{\varphi}^2 - \frac{1}{3}\,\frac{n(n+2)}{a^2}\,\tilde{\varphi}^2\right) K_n. \tag{24}$$

Um die Zeitabhängigkeit des gemittelten Energie-Impuls-Tensors $\overline{T}_{\mu\nu}$ zu berechnen, müssen wir die Gleichung (20) lösen. Wir nehmen an, daß der Kosmos im Vergleich zu der durch ω^{-1} gegebenen charakteristischen Zeit bereits langsam expandiert, so daß wir in adiabatischer Näherung

$$\omega_n{}^2 = m^2 + \frac{n(n+2)}{a^2(t)} \gg \left(\frac{\dot{a}}{a}\right)^2 \tag{25}$$

das Zeitverhalten des skalaren Feldes

$$\tilde{\varphi}(t) = \frac{A\cos\left(\int \omega_n \mathrm{d}t\right)}{\sqrt{a^3\omega_n}} \tag{26}$$

erhalten. Mittelt man nun noch die mit (26) berechneten räumlich gemittelten Komponenten des Energie-Impuls-Tensors über die Phasen, ergibt sich

$$\overline{T}_0{}^0 = \varepsilon = \frac{1}{2}\,\frac{\omega_n}{a^3}\,A^2 K_n, \tag{27}$$

$$\overline{T}_i{}^k = -p\delta_i{}^k = -\frac{1}{6}\,\delta_i{}^k\,\frac{n(n+2)}{a^2}\,\frac{A^2}{a^3\omega_n}\,K_n. \tag{28}$$

Das massive Skalarfeld verhält sich demnach in diesem Fall wie Materie, die der Zustandsgleichung

$$p = \frac{1}{3}\,\frac{n(n+2)}{a^2\left(m^2 + \frac{n(n+2)}{a^2}\right)}\,\varepsilon \tag{29}$$

genügt. Mit wachsendem Skalenfaktor (und $n > 0$) kühlt sich die zunächst ultrarelativistische Materie ($p = \varepsilon/3$) immer mehr ab, wie man es auch erwartet. Dabei ist die Energiebedingung $\varepsilon + 3p > 0$ immer erfüllt (gemittelt!) Im Spezialfall $n = 0$ (ortsunabhängiges Skalarfeld) ergibt sich das bekannte Verhalten $p = 0$. Darauf werden wir im dritten Teil noch einmal zurückkommen.

Zusammenfassend können wir feststellen, daß die Verletzung der starken Energiebedingung in engem Zusammenhang mit der Forderung nach Homogenität steht. Diese Forderung ist sicher nur für Raumgebiete von der Größenordnung der Compton-Wellenlänge des massiven Feldes vernünftig, während kohärente Skalarfeldschwingungen in einem ausgedehnten Universum in kurzer Zeit zerfallen müßten. Damit ist auch die Verletzung der starken Energiebedingung nur in Gebieten von der Größenordnung der Compton-Wellenlänge möglich.

4.3. Ein kosmologisches Modell mit einem massiven Skalarfeld als Quelle

Wir wollen die Entwicklung eines geschlossenen Modelluniversums verfolgen, beginnend mit einem Zustand endlicher Dichte, einer Ausdehnung a_0 von der Größenordnung der Planck-Länge und einer Expansionsrate $\dot{a}_0 = 0$. Diese Annahmen werden nahegelegt, wenn man die Entstehung des Universums im Rahmen eines Quantenprozesses postuliert [12, 13, 19]. Als einzige Quelle des Gravitationsfeldes nehmen wir in diesem Modell ein massives skalares Feld (6) an. Ein homogener und geschlossener Kosmos wird durch das Linienelement (10) beschrieben. Aufgrund der Homogenitätsforderung nehmen wir das Skalarfeld, dessen Compton-Wellenlänge von der Größenordnung des Weltradius ($1/m \gtrsim a_0$) ist, als rein zeitabhängig an: $\varphi(t)$. Sein Energie-Impuls-Tensor hat dann die Gestalt (11) bis (13), und das Feld erfüllt die Bewegungsgleichung (14). Der Expansionsrate $\dot{a}_0 = 0$ entsprechend, wird bei $t = 0$ $\dot{\varphi}_0 = 0$ postuliert; das Skalarfeld besitzt in diesem Moment seinen Maximalwert φ_0. Die weitere Entwicklung des kosmologischen Modells wird durch die Bewegungsgleichung des Skalarfeldes (14) und die Friedmansche Gleichung

$$\left(\frac{\dot{a}}{a}\right)^2 + \frac{1}{a^2} = \frac{4\pi G}{3} (\dot{\varphi}^2 + m^2\varphi^2) \tag{30}$$

beschrieben. Als erstes Integral der Gravitationsfeldgleichungen ergibt sie eine Beziehung zwischen den Anfangswerten

$$\varphi_0{}^2 = \frac{3}{4\pi G m^2 a_0{}^2}, \tag{31}$$

so daß wir unter unseren Annahmen ($\dot{a}_0 = \dot{\varphi}_0 = 0$) nur noch eine einparametrige Lösungsschar erhalten. Wir führen die Bezeichnung $h = \dot{a}/a$ (Hubble-Zahl) ein. Das Verhalten des kosmologischen Modells läßt sich besonders anschaulich in der h-$\dot{h}$-Ebene als Kurve $\dot{h}(h)$ darstellen. (Diese Kurve ist jedoch keine Phasenbahn im herkömmlichen Sinn.) Der charakteristische Verlauf einer solchen Kurve ist in Abb. 4.1 dargestellt. Die Kurve befindet sich zunächst in der oberen Halbebene ($\dot{h} > 0$), d. h. im Gebiet beschleunigter Expansion. Nach dem Passieren der h-Achse verläuft sie parallel zu dieser ($\dot{h} = -m^2/3$) und trifft schließlich auf die gestrichelte Kurve ($\dot{h} \approx -3h^2/2$), die für einen Staubkosmos gilt. Die folgenden Oszillationen um die gestrichelte Kurve sind in der Abbildung nicht mehr dargestellt. (Die gestrichelte Kurve erreicht nicht den Ursprung des Koordinatensystems ($h = \dot{h} = 0$), sondern schneidet die h-Achse im Maximum des Staubkosmos $\left(\dot{h}_m = -1/(2a^2m)\right)$. Diese Differenz ist so klein, daß sie von der Zeichnung nicht erfaßt wird.) Für die genannten Phasen lassen sich Näherungslösungen angeben. Unter Benutzung der räumlichen Komponente der Gravitationsfeldgleichungen

$$2\,\frac{\ddot a}{a} + \left(\frac{\dot a}{a}\right)^2 + \frac{1}{a^2} = -4\pi G(\dot\varphi^2 - m^2\varphi^2) \tag{32}$$

läßt sich der Skalenfaktor eliminieren:

$$\dot h + h^2 = \frac{4\pi G}{3}\,(m^2\varphi^2 - 2\dot\varphi^2)\,. \tag{33}$$

Da das Skalarfeld während der ersten Phase in erster Näherung als konstant angesehen werden kann ($4\pi G m^2\varphi^2/3 \approx 1/a_0^2$), erhält man

$$h \approx \frac{1}{a_0}\tanh\frac{t}{a_0}, \qquad a \approx a_0\cosh\frac{t}{a_0}\,. \tag{34}$$

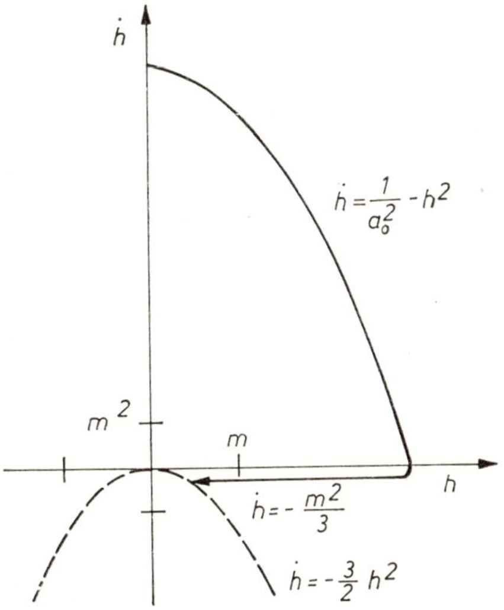

Abb. 4.1

Nachdem die Kurve die h-Achse geschnitten hat, verliert die räumliche Krümmung ($1/a^2$) infolge des wachsenden Skalenfaktors rasch an Bedeutung, so daß das langsam veränderliche Skalarfeld ($\ddot\varphi \approx 0$) mit (14) und (30) zu

$$\dot\varphi \approx -\frac{m}{\sqrt{12\pi G}} \tag{35}$$

bestimmt werden kann, und mit $|\dot h| \ll h^2$ gilt schließlich

$$\dot h = -4\pi G\dot\varphi^2 \approx -\frac{m^2}{3}\,. \tag{36}$$

Aus (36) ergibt sich $h = \text{const} - m^2t^2/6$, wobei für die Konstante aus den Anschlußbedingungen an das erste Stadium der Wert $\sqrt{4\pi G/3}\;m\varphi_0$ bestimmt wird, so daß für den Skalenfaktor das Exponentialgesetz

$$a \approx \sqrt{3m}^{-1} \exp\left(\frac{t}{a_0} - \frac{m^2t^2}{6}\right) \tag{37}$$

gilt (inflationäre Phase). (Die Feldgleichungen 4. Ordnung, die sich bei Berücksichtigung der Vakuumpolarisation ergeben, führen ebenfalls auf Lösungen mit einem exponentiellen Wachstum des Skalenfaktors.[1]) Diese Phase wird beendet, wenn die Kurve $\dot{h} = -m^2/3$ auf die Kurve $\dot{h} = -3h^2/2$ des Staubkosmos trifft, also die Bedingung $|\dot{h}| \ll h^2$ nicht mehr erfüllt ist. Dann beginnen Skalarfeldoszillationen gemäß (26) ($n = 0$), und die Kurve schwingt mit $\dot{h} = -4\pi G\dot{\varphi}^2$, wobei das mittlere Verhalten gerade dem des Staubkosmos entspricht [10]. Nach dem exponentiellen Anwachsen des Skalenfaktors ist der Weltradius wesentlich größer als die Compton-Wellenlänge des massiven Skalarfeldes, die kohärenten Schwingungen zerfallen und der Staubkosmos geht in den heißen Strahlungskosmos über.

Damit kann der ursprünglich durch Plancksche Größen ($a_0 \approx l_P$) beschriebene Kosmos im Rahmen dieses Modells während des Stadiums mit exponentiellem Wachstum (37) des Skalenfaktors so weit vergrößert werden, daß dann während der weiteren Friedmanschen Expansion der heutige Weltradius erreicht wird. Die Dauer des exponentiellen Wachstums hängt nur von der Anfangsgröße a_0 des Skalenfaktors ab. Beim Übergang zu den Skalarfeldschwingungen hat der Skalenfaktor den Wert

$$a_S = \sqrt{3m}^{-1} \exp\left(\frac{3}{2a_0^2m^2}\right). \tag{38}$$

Damit im Laufe der Friedmanschen Expansion der heutige Weltradius (cH^{-1}) von mindestens 10^{28} cm erreicht wird, muß der Skalenfaktor zunächst exponentiell auf einen Wert von mindestens $10^{29}\, l_P$ anwachsen. Aus Gleichung (38) folgt, daß dies bei einem Anfangswert $a_0 \lessapprox 0{,}15\ \mathrm{m}^{-1}$ der Fall ist. Das Wachstum während der exponentiellen Phase hängt jedoch äußerst empfindlich vom Anfangswert ab. Ein Anfangswert von $a_0 = 0{,}1\ \mathrm{m}^{-1}$ führt bereits auf $10^{60}\, l_P$ am Ende der exponentiellen Phase. Da es keinen ersichtlichen Grund für eine Feinabstimmung des Anfangswertes a_0 gibt, darf man erwarten, daß im Rahmen dieses Modells tatsächlich ein nahezu flaches Friedmansches Universum entsteht, dessen Radius weitaus größer als der durch $cH^{-1} \approx 10^{28}$ cm gegebene beobachtbare Weltradius ist.

Ein gänzlich anderes Verhalten ist diesem Modell eigen, wenn der Anfangswert des Skalenfaktors von der Größenordnung m^{-1} ist ($\dot{h}_0 \approx \mathrm{m}^{-2}$). Aus der Abb. 4.1 ist ersichtlich, daß in diesem Fall das exponentielle Stadium nicht erreicht wird. (Die Kurve schneidet die h-Achse bei $h \approx \mathrm{m}$.) Der Skalenfaktor erreicht den Maximalwert, der immer noch nur von der Größenordnung m^{-1} ist, und schließlich endet das Modell bei $t \to t_s$ mit $\varphi \sim (t - t_s)^{-1}$ in einer Singularität, wobei $\varepsilon = p$ gilt [10].

Das vorgestellte vereinfachte kosmologische Modell vermeidet die kosmologische Singularität, indem es die Entstehung des Universums in einem Quantenprozeß postuliert. Ein hypothetisches massives Skalarfeld kann der Bedingung $\dot{a}_0 = 0$ am Anfangspunkt der kosmologischen Expansion gerecht werden und eröffnet gleichzeitig die Möglichkeit, das Anwachsen des Universums von Planckschen auf makroskopische

[1]) Vgl. in diesem Band: V. Müller: Zum Einfluß von Vakuumpolarisation und nicht-minimaler Kopplung auf die kosmologische Entwicklung.

Dimensionen zwangslos zu erklären. Während des exponentiellen Anwachsens bleibt die Energiedichte nahezu konstant. Ein Volumen von der Ausdehnung $10^{29}\, l_P$ enthält am Ende dieser Phase unabhängig von der Größe des Skalenfaktors Energie mit einem Masseäquivalent von $10^{87}\, m_P$. Nach dem Zerfall der kohärenten Skalarfeldoszillationen beginnt die strahlungsdominante Entwicklung des Universums, während der sich die Energiedichte umgekehrt proportional zur 4. Potenz des Skalenfaktors verringert. Die in dem mitbewegten Volumen eingeschlossene Masse verringert sich folglich umgekehrt proportional zum Skalenfaktor und fällt bis zum Übergang zum materiedominanten Kosmos ($p = 0$) nach $\approx 10^6$ Jahren auf $10^{60}\, m_P$. Diese Masse bleibt während der weiteren Expansion im mitbewegten Volumen erhalten und erklärt somit Gleichung (4).

Literatur

[1] Friedman, A.: Zeitschr. Phys. **10** (1922) 377.
[2] Hawking, S. W.; Ellis, G. F. R.: The Large Scale Structure of Space-Time. Cambridge: Cambridge Univ. Press 1973.
[3] Bottlinger, K. F.: Die Gravitationstheorie und die Bewegung des Mondes. Dissertation. München 1912.
[4] Treder, H.-J.: Relativität und Kosmos. Berlin: Akademie-Verlag 1968.
[5] Treder, H.-J.: Ann. Phys. (Lpz.) **20** (1967) 194.
[6] Treder, H.-J.: Monatsber. Dtsch. Akad. der Wiss. **9** (1967) 283.
[7] v. Borzeszkowski, H.-H.: Astron. Nachr. **294** (1973) 207.
[8] Treder, H.-J.: Ann. Phys. (Lpz). **40** (1983) 39.
[9] Gottlöber, S.: Astron. Nachr. **305** (1984) 1.
[10] Gottlöber, S.: Ann. Phys. (Lpz.) **41** (1984) 45.
[11] Treder, H.-J.: In: Deutsche Physikalische Gesellschaft (Hrsg.): Physikertagung 1965. Stuttgart: 1965.
[12] Tryon, E. P.: Nature **246** (1973) 396.
[13] Zeldovich, Ya. B.: Pisma v Astr. Zhur. **7**, 579.
[14] Landau, L. D.; Lifschitz, E. M.: Klassische Feldtheorie. Berlin: Akademie-Verlag 1981.
[15] Zeldovich, Ya. B.: Diskussionsrunde im Einstein-Haus Caputh. März 1985.
[16] Treder, H.-J.: Elementare Kosmologie. Berlin: Akademie-Verlag 1975.
[17] Treder, H.-J.: Ann. Phys. (Lzp.) **41** (1984) 81.
[18] Landsberg, P. T.: Ann. Phys. (Lpz.) **41** (1984) 88.
[19] Vilenkin, A.: Phys. Rev. **D32** (1985) 2511.
[20] Møller, C.: In: Les Théories Relativistes de la Gravitation. Paris 1962.
[21] Treder, H.-J.: Ann. Phys. (Lpz.) **41** (1984) 433.
[22] Schrödinger, E.: Commentationes Pontificiae Academiae Scientiarum **2** (1938) 321.

5. Zur Weltfunktion der Reißner-Weyl-Metrik bei verschwindendem Massenparameter

Von Reiner W. John

Ziel dieser Arbeit ist es, zur Berechnung der Weltfunktion $\sigma(x, x')$ für eine ausgewählte statische kugelsymmetrische Metrik, die singulär im Zentrum und asymptotisch eben ist — als Modell für das äußere Gravitationspotential einer isolierten ruhenden Quelle —, nicht nur in großer Entfernung vom Zentrum, sondern auch für Bereiche, in denen das entsprechende Gravitationsfeld stark ist, beizutragen. Bislang ist die aus nichtlinearen Gleichungen zu bestimmende Weltfunktion für irgendeine Metrik dieser Klasse — ein astronomisch-astrophysikalisch bedeutsamer Repräsentant ist die äußere Schwarzschild-Lösung der Einsteinschen Gravitationsgleichungen — explizit in Strenge nicht bekannt.

Die Weltfunktion $\sigma(x, x')$ einer vierdimensionalen Riemannschen Raum-Zeit V_4 (einer Welt), im wesentlichen das Quadrat des geodätischen Abstands irgendzweier hinreichend nahe beieinander gelegenen Raum-Zeit-Punkte (Ereignisse) (x), (x'), ist eine fundamentale Invariante (s. [1], S. 47ff.). Ihre physikalische Bedeutung folgt über Einsteins Identifikation der Weltmetrik mit dem Gravitationspotential. So ersieht man aus der Gleichung $\sigma(x, x') = 0$ den Einfluß der Gravitation auf die Ausbreitung von masselosen Feldern in der Näherung der geometrischen Optik — sie ist, den Punkt (x') der Raum-Zeit als fest angesehen, die Gleichung der Wellenfront durch (x), die von (x') ausgeht, gibt das Nullkonoid (den Lichtkegel) mit dem Vertex in (x'). Dadurch sind die lokalen Kausalitätsverhältnisse in einer endlichen Umgebung des Punktes (x') charakterisiert. Für stationäre Gravitationsfelder läßt sich aus $\sigma(x, x') = 0$ die Laufzeitvergrößerung lichtartiger Signale gewinnen (s. [2]). Mittels der ersten Ableitungen der Weltfunktion kann man die Frequenzverschiebung im Gravitationsfeld bei beliebiger Bewegung von Sender und Empfänger beschreiben ([1], S. 123, S. 299ff.; s. auch [3]). Die Weltfunktion $\sigma(x, x')$ ist Grundbaustein der Hadamard-Konstruktion ([4], s. weiter z. B. [5]) kovarianter Greenscher Funktionen für lineare Wellengleichungen in gekrümmter Raum-Zeit. Im Zusammenhang damit ist sie Ausgangselement zur expliziten Auswertung (s. [6, 5]) des Hadamard-Kriteriums ([4], S. 100, S. 236) für die Gültigkeit des Huygensschen Prinzips (im engeren Sinne, nach Hadamard [4], S. 54, S. 175) für die durch die Wellengleichung beschriebene Feldausbreitung. In der Quantenfeldtheorie in gekrümmter Raum-Zeit gibt es die Schwinger-DeWitt-Definition [7] des Feynman-Propagators zu skalaren Teilchen mit Ruhmasse, eine Reihenentwicklung, die sich aus der Weltfunktion und daraus abgeleiteten Zweipunkt-Invarianten zusammensetzt. Zum anderen geht die Weltfunktion in die allgemein-relativistische Beschreibung der Bewegung ausgedehnter Körper ein (s. [8]).

Zur effektiven Diskussion spezieller Probleme aus den genannten Zusammenhängen wäre es oft wünschenswert, die Weltfunktion zu gegebener Metrik möglichst explizit zu kennen. Im weiteren wird als Hintergrund-Metrik die statische kugelsymmetrische und asymptotisch ebene Lösung der Einstein-Maxwell-Gleichungen (Reißner [9], Weyl [10]) herangezogen. Die Weltfunktion dieser Metrik läßt sich bei verschwindendem Massenparameter m zunächst durch Einschränkung auf den zweidimensionalen Unterraum konstanter Winkelkoordinaten, $S = 0$, unter Verwendung der nach dem Lagrangeschen Vorgehen gewonnenen Fourier-Reihen-Lösung für eine transzendente Relation von der Art der Kepler-Gleichung explizit angeben; um die Abhängigkeit der Weltfunktion der vierdimensionalen Reißner-Weyl-Raum-Zeit, im mathematischen Grenzfall $m = 0$, von den Winkelvariablen zu bestimmen, wird eine aus dem Unterraum $S = 0$ hinausführende Taylor-Entwicklung nach Potenzen von S, dem Quadrat des geodätischen Abstands auf der zweidimensionalen Einheitskugel, angesetzt und für deren Koeffizienten mit $n \geqq 1$ ein rekursives System von linearen Transportgleichungen in zwei Variablen hergeleitet.

5.1. Die Metrik und die Grundgleichungen für die Weltfunktion

Die Reißner-Weyl-Metrik, das Einsteinsche Gravitationspotential im Außenraum einer statischen kugelsymmetrischen Materieverteilung der Ruhmasse m und der elektrischen Ladung e, m und e in geometrischen Einheiten, hat in Kugelkoordinaten t, r, ϑ, φ die Gestalt (Weyl [10]; vgl. auch [11], S. 156)

$$ds^2 = -\left(1 - \frac{2m}{r} + \frac{e^2}{r^2}\right) dt^2 + \frac{dr^2}{1 - \frac{2m}{r} + \frac{e^2}{r^2}} + r^2(d\vartheta^2 + \sin^2\vartheta\, d\varphi^2)\,; \tag{1}$$

sie werde im Wertebereich

$$-\infty < t < \infty, \quad \left\{\begin{aligned} r_+ := m + \sqrt{m^2 - e^2} < r < \infty \quad &\text{für} \quad m^2 \geqq e^2 \\ 0 < r < \infty \quad &\text{für} \quad m^2 < e^2 \end{aligned}\right\},$$

$$0 \leqq \vartheta \leqq \pi, \qquad -\pi < \varphi \leqq \pi$$

der Koordinaten betrachtet. Zur Charakterisierung des lokalen Singularitätsverhaltens der Reißner-Weyl-Metrik seien die Krümmungsinvarianten $R := g^{ab}R_{ab}$, $R^{ab}R_{ab}$ und $R^{abcd}R_{abcd}$ angeführt. Man hat für (1)

$$R = 0, \qquad R^{ab}R_{ab} = \frac{4e^4}{r^8}, \qquad R^{abcd}R_{abcd} = 8\left\{\frac{6(mr - e^2)^2 + e^4}{r^8}\right\}; \tag{2}$$

der Kretschmann-Skalar $R^{abcd}R_{abcd}$ ist — ausgenommen den Fall, daß e und m gleichzeitig verschwinden, d. h. den Minkowski-Raum — unbeschränkt, wenn die Variable r gegen Null geht. Besteht zwischen Masse m und Ladung e die Ungleichung $m^2 \geqq e^2$, so ist die Singularität $r = 0$ der Metrik von einem Ereignishorizont umgeben, der Nullhyperfläche $r = r_+$. Die Reißner-Weyl-Metrik (1) läßt sich dann als Gravitationspotential eines isolierten Black hole der Masse m und Ladung e interpretieren. Im Fall der gegenteiligen Ungleichung, $m^2 < e^2$, fehlt ein Ereignishorizont, die Metrik (1) hat bei $r = 0$ eine „nackte Singularität".

Die Weltfunktion $\sigma(x, x')$ einer Riemannschen Raum-Zeit V_4 mit der Metrik $g_{ab}(x)$ — kleine lateinische Buchstaben als Indizes durchlaufen die Werte 0, 1, 2, 3 — ist für irgendzwei Punkte $(x) := (x^0, x^1, x^2, x^3)$ und $(x') = (x'^0, x'^1, x'^2, x'^3)$ eines geodätisch konvexen Bereichs in V_4 als das Integral

$$\sigma(x, x') = \frac{1}{2} (\tau_1 - \tau_0) \int_{\tau_0}^{\tau_1} \mathrm{d}\tau \, g_{ab}\big(h(\tau)\big) \frac{\mathrm{d}h^a(\tau)}{\mathrm{d}\tau} \frac{\mathrm{d}h^b(\tau)}{\mathrm{d}\tau} \tag{3}$$

definiert ([1], S. 47). Es ist unabhängig von der speziellen Wahl des affinen Parameters τ; $\{h^a(\tau)\} := \{h^0(\tau), h^1(\tau), h^2(\tau), h^3(\tau)\}$ ist eine Parameterdarstellung der geodätischen Linie Γ durch die Punkte (x), (x'), mit $\big(h(\tau_1)\big) = (x)$, $\big(h(\tau_0)\big) = (x')$. Für Gl. (3) kann man, da in Riemannscher Raum-Zeit das Skalarprodukt $g_{ab}\big(h(\tau)\big) \frac{\mathrm{d}h^a(\tau)}{\mathrm{d}\tau} \frac{\mathrm{d}h^b(\tau)}{\mathrm{d}\tau}$ längs der geodätischen Linie Γ konstant ist, wenn noch τ so gewählt wird, daß $\tau_1 = 1$, $\tau_0 = 0$ ist, schreiben:

$$\sigma(x, x') = \frac{1}{2} g_{ab}\big(h(\tau, x, x')\big) \frac{\mathrm{d}h^a(\tau, x, x')}{\mathrm{d}\tau} \frac{\mathrm{d}h^b(\tau, x, x')}{\mathrm{d}\tau}. \tag{4}$$

Dabei ist jetzt explizit angemerkt, daß die Funktionen $h^c(\tau)$ auch von den Punkten (x), (x') abhängen.

Die Weltfunktion $\sigma(x, x')$ nach (3) bzw. (4) genügt als Funktion von acht Variablen, sie ist symmetrisch in den beiden Endpunkten,

$$\sigma(x', x) = \sigma(x, x'), \tag{5}$$

den zwei nichtlinearen partiellen Differentialgleichungen 1. Ordnung (vgl. [1], S. 51)

$$\frac{1}{2} g^{ab}(x) \, \sigma(x', x)_{;a} \, \sigma(x, x')_{;b} = \sigma(x, x'), \tag{6}$$

$$\frac{1}{2} g^{mn}(x') \, \sigma(x, x')_{;m} \, \sigma(x, x')_{;n} = \sigma(x, x'). \tag{7}$$

Darin bezeichnen Indizes $a, b, \ldots$ nach einem Semikolon die mit der Metrik gebildete kovariante Ableitung nach den Variablen $x^a, x^b, \ldots$, Indizes $m, n, \ldots$ beziehen sich auf die Variablen $x'^m, x'^n, \ldots$. Zu den Differentialgleichungen (6), (7) ergeben sich die Anfangsbedingungen

$$\begin{aligned} &[\sigma(x, x')] = 0, \\ &[\sigma(x, x')_{;a}] = 0 = [\sigma(x, x')_{;m}], \\ &[\sigma(x, x')_{;ab}] = g_{ab}(x), \qquad [\sigma(x, x')_{;mn}] = g_{mn}(x'); \end{aligned} \tag{8}$$

eckige Klammern um ein Zweipunkt-Objekt bezeichnen wie in [1], S. 51ff., die Koinzidenz der beiden Punkte. Das Differentialgleichungssystem (6), (7) mit den Anfangsbedingungen (8) kann neben (3) bzw. (4) als alternative lokale Definition der Weltfunktion gelten.

Nach der Definition durch Gl. (4) ergibt sich die Weltfunktion der Raum-Zeit V_4 — die Metrik sei von der Klasse C^1 — über Integration der im allgemeinen nichtlinearen und gekoppelten geodätischen Gleichungen zwischen irgendzwei Punkten (x), (x') eines geodätisch konvexen Bereichs in V_4 und Einsetzen der vier Lösungsfunktionen

$h^c(\tau, x, x')$ in das für jede Metrik bestehende bilineare Vorintegral

$$g_{ab}(h)\,\frac{\mathrm{d}h^a}{\mathrm{d}\tau}\,\frac{\mathrm{d}h^b}{\mathrm{d}\tau} = \mathrm{const} = \varepsilon k^2 \tag{9}$$

des Gleichungssystems; mit der Wahl $\tau_1 = 1$, $\tau_0 = 0$ ist

$$\sigma(x, x') = \frac{1}{2}\,\varepsilon k^2(x, x'), \tag{10}$$

ε der Indikator der geodätischen Linie durch (x), (x'): $\varepsilon = -1$ für zeitartige, $\varepsilon = +1$ für raumartige Geodätische. Im allgemeinen ist es zweckmäßig, schon bei der Integration der geodätischen Gleichungen eine davon durch das Vorintegral (9) zu ersetzen.

Nun ist die Reißner-Weyl-Raum-Zeit (1), wie erwähnt, statisch und kugelsymmetrisch. Allgemein gestattet eine Raum-Zeit dieser Symmetrie die insgesamt vierparametrige Bewegungsgruppe der Zeittranslationen und räumlichen Drehungen — was bedeutet, daß, infolge der Existenz entsprechender Killing-Vektoren, für Energie und Drehimpuls der Materie im diesbezüglichen Gravitationsfeld integrale Erhaltungssätze bestehen (s. dazu [12], S. 34ff.; auch [1], S. 232ff.; [8]) —, und man kann das Linienelement in symmetrieangepaßten Koordinaten, den schon in Gl. (1) verwendeten Kugelkoordinaten t, r, ϑ, φ, in der Gestalt

$$\mathrm{d}s^2 = -D(r)\,\mathrm{d}t^2 + A(r)\,\mathrm{d}r^2 + r^2(\mathrm{d}\vartheta^2 + \sin^2\vartheta\,\mathrm{d}\varphi^2) \tag{11}$$

schreiben, mit Funktionen $D(r) > 0$, $A(r) > 0$.

Die Weltfunktion für zwei Punkte $(x) = (t, r, \vartheta, \varphi)$ und $(x') = (t', r', \vartheta', \varphi')$ einer Raum-Zeit (11) hängt von den acht Punktkoordinaten nur über die vier Funktionen q, r, r', S ab, dabei bezeichnet q die Differenz der Zeitkoordinaten,

$$q = t - t', \tag{12}$$

und S das Quadrat des geodätischen Abstands zweier Punkte (ϑ, φ), (ϑ', φ') auf der zweidimensionalen Einheitskugel,

$$S = \{\arccos\left(\cos\vartheta\cos\vartheta' + \sin\vartheta\sin\vartheta'\cos(\varphi - \varphi')\right)\}^2. \tag{13}$$

Die Integration der geodätischen Gleichungen zur Raum-Zeit (11) läßt sich auf Grund der Symmetrie bekanntlich auf bloße Quadraturen reduzieren, die Bestimmung der Weltfunktion führt auf ein Umkehrungsproblem: Aus den drei Grundgleichungen (vgl. [3])

$$1 = \int_{r'}^{r} \mathrm{d}r \left(\frac{A(r)}{\varepsilon k^2 + \frac{a^2}{D(r)} - \frac{b^2}{r^2}}\right)^{\frac{1}{2}}, \tag{14}$$

$$q = a \int_{r'}^{r} \frac{\mathrm{d}r}{D(r)} \left(\frac{(A(r)}{\varepsilon k^2 + \frac{a^2}{D(r)} - \frac{b^2}{r^2}}\right)^{\frac{1}{2}}, \tag{15}$$

$$S^{\frac{1}{2}} = b \int_{r'}^{r} \frac{\mathrm{d}r}{r^2} \left(\frac{A(r)}{\varepsilon k^2 + \frac{a^2}{D(r)} - \frac{b^2}{r^2}}\right)^{\frac{1}{2}}, \tag{16}$$

die im übrigen gegen Umeichung der Radialvariablen r, $r \to \bar{r} = f(r)$, invariant sind, ist durch Auflösen nach εk^2 und Eliminieren der beiden Integrationskonstanten a, b die Weltfunktion gemäß (10) zu gewinnen.

Es wird nun das System der Grundgleichungen (14), (15), (16) für die Reißner-Weyl-Metrik (1) aufgeschrieben; mit

$$D(r) = 1 - \frac{2m}{r} + \frac{e^2}{r^2} = \big(A(r)\big)^{-1}$$

kommt

$$1 = \int\limits_{r'}^{r} \mathrm{d}r \, \frac{r^2}{H(r)}, \tag{17}$$

$$q = a \int\limits_{r'}^{r} \mathrm{d}r \, \frac{r^4}{(r^2 - 2mr + e^2)\, H(r)}, \tag{18}$$

$$S^{\frac{1}{2}} = b \int\limits_{r'}^{r} \mathrm{d}r \, \frac{1}{H(r)}; \tag{19}$$

darin bezeichnet $H(r)$ die Quadratwurzel aus einem Polynom 4. Grades in r,

$$H(r) = \big((a^2 + \varepsilon k^2)\, r^4 - 2m\varepsilon k^2 r^3 - (b^2 - e^2 \varepsilon k^2)\, r^2 + 2mb^2 r - e^2 b^2\big)^{\frac{1}{2}}. \tag{20}$$

Man sieht, daß die rechten Seiten der Gl. (17) bis (19) im allgemeinen Fall Linearkombinationen von elliptischen Integralen 1. und 2. Gattung enthalten, die Umkehrung des Systems somit recht verwickelt wird. Das ändert sich auch nicht, wenn man die Parameter m, e der Reißner-Weyl-Metrik (1) zu $m \neq 0$, $e = 0$, das gibt die Schwarzschild-Metrik, $m = e \neq 0$, das extreme Reißner-Weyl-Black-hole, oder zu $m = 0$, $e \neq 0$, der masselose Grenzfall, spezialisiert.

5.2. Der Grenzfall m = 0

5.2.1. Die Weltfunktion σ für den Unterraum konstanter Winkelkoordinaten ($S = 0$)

Bei verschwindendem Massenparameter m reduziert sich die Reißner-Weyl-Metrik (1) auf

$$\mathrm{d}s^2 = -\left(1 + \frac{e^2}{r^2}\right) \mathrm{d}t^2 + \frac{\mathrm{d}r^2}{1 + \dfrac{e^2}{r^2}} + r^2(\mathrm{d}\vartheta^2 + \sin^2\vartheta \, \mathrm{d}\varphi^2). \tag{21}$$

Die Metrik (21) kann, neben ihrer Charakterisierung als masselose Reißner-Weyl-Metrik, auch als genäherte Form der Reißner-Weyl-Lösung (1), bei $0 < m^2 < e^2$, für kleine Werte der Radialvariablen aufgefaßt werden; ebenso läßt sich die Weltfunktion zur Raum-Zeit (21) als führender Bestandteil der Weltfunktion der Reißner-Weyl-Raum-Zeit (1), $0 < m^2 < e^2$, bei $r \to 0$ deuten.

Wenn man die Metrik (21) auf den Unterraum konstanter Winkelkoordinaten, $\vartheta = \text{const}$, $\varphi = \text{const}$, einschränkt,

$$^{(2)}\mathrm{d}s^2 = -\left(1 + \frac{e^2}{r^2}\right) \mathrm{d}t^2 + \frac{\mathrm{d}r^2}{1 + \frac{e^2}{r^2}}, \tag{22}$$

so verkürzen sich die (für eine zeitartige Geodätische, $\varepsilon = -1$, geschriebenen) Grundgleichungen (17) bis (19) — es hat $\vartheta = \text{const} = \vartheta'$ und $\varphi = \text{const} = \varphi'$ gemäß (13) $S = 0$ zur Folge, dann ist $b = 0$ zu setzen — zu

$$1 = \int\limits_{r'}^{r} \frac{\mathrm{d}r\, r}{\left((a^2 - k^2)\, r^2 - e^2k^2\right)^{\frac{1}{2}}}, \tag{23}$$

$$q = a \int\limits_{r'}^{r} \frac{\mathrm{d}r\, r^3}{(r^2 + e^2)\left((a^2 - k^2)\, r^2 - e^2k^2\right)^{\frac{1}{2}}}, \tag{24}$$

worin sich die Integrationen durch elementare Funktionen ausführen lassen.

Gleichung (23) gibt — es ist $a^2 - k^2 > 0$ bei $r \neq r'$ —

$$1 = (a^2 - k^2)^{-1} \left\{\left((a^2 - k^2)\, r^2 - e^2k^2\right)^{\frac{1}{2}} - \left((a^2 - k^2)\, r'^2 - e^2k^2\right)^{\frac{1}{2}}\right\}. \tag{25}$$

Das impliziert für r, r' die Ungleichung

$$r^2, r'^2 > \frac{e^2}{\frac{a^2}{k^2} - 1}.$$

Aus (25) folgt durch Auflösen nach k^2 — Eindeutigkeit wird durch Vergleich des für $a = 0$ entstehenden Ausdrucks mit dem Quadrat des geodätischen Abstands zu dem aus (22) für $t = \text{const}$ folgenden radialen Linienelement erreicht —

$$-k^2 = -a^2 + r^2 + r'^2 - 2\sqrt{(r^2 + e^2)\,(r'^2 + e^2) - e^2a^2} + 2e^2 \tag{26}$$

mit der Bedingung

$$(r^2 + e^2)\,(r'^2 + e^2) \geqq e^2a^2. \tag{27}$$

Gl. (24) läßt sich mittels Gl. (23) in die Form

$$q = a - e^2a \int\limits_{r'}^{r} \frac{\mathrm{d}r\, r}{(r^2 + e^2)\left((a^2 - k^2)\, r^2 - e^2k^2\right)^{\frac{1}{2}}}$$

bringen; Auswertung des Integrals führt mit Berücksichtigung der Gl. (25), (26) auf

$$q = a - e \arctan \frac{ea}{\sqrt{(r^2 + e^2)\,(r'^2 + e^2) - e^2a^2}}$$

oder

$$q = a - e \arc\sin \frac{ea}{\sqrt{(r^2 + e^2)(r'^2 + e^2)}}.$$

Daraus wird für $e \neq 0$ — bei $e = 0$ ergibt sich die Relation $a = q$ der ebenen Metrik — mit Einführung der dimensionslosen Variablen

$$A := \frac{a}{e}, \qquad Q := \frac{q}{e}, \qquad R := \frac{r}{e}, \qquad R' := \frac{r'}{e} \tag{28}$$

und

$$\alpha := \sqrt{(1 + R^2)(1 + R'^2)}$$

die in A transzendente Gleichung

$$A - \alpha \sin (A - Q) = 0. \tag{29}$$

Sie ist vereinbar mit der Ungleichung (27), $A^2 \leqq \alpha^2$. Unter Verwendung der Bezeichnungen (28) läßt sich Gl. (26) in der Gestalt

$$-{}^{(2)}k^2 = e^2\left\{\left(1 - \sqrt{\alpha^2 - A^2}\right)^2 - R^2R'^2\right\}$$

schreiben; das ist mit Gl. (29):

$$-{}^{(2)}k^2 = e^2\left\{\left(1 - \alpha \cos (A - Q)\right)^2 - R^2R'^2\right\}. \tag{30}$$

Zur expliziten Bestimmung des Quadrats des geodätischen Abstands im zweidimensionalen Unterraum (22) ist somit A als Funktion von α und Q, d. h. von e, q, r, r', aus der Gl. (29) zu gewinnen und in Gl. (30) einzusetzen. Es werde nun Gl. (29) auf beiden Seiten durch $-Q$ ergänzt und F für $A - Q$ sowie N für $-Q$ geschrieben; dann ergibt sich

$$F - \alpha \sin F = N. \tag{31}$$

Das ist eine transzendente Gleichung für $F := A - Q$, die an die in der Astronomie wohlbekannte Kepler-Gleichung erinnert; es ist aber in Gl. (31) gemäß (28) $\alpha > 1$, während in der eigentlichen Kepler-Gleichung ein Parameter α mit $0 \leqq \alpha < 1$ auftritt. Es lassen sich leicht endliche F-Intervalle, und damit A-Intervalle, nachweisen, für die Gl. (31) genau eine reelle Lösung hat. Dazu werde die Funktion

$$\Phi(F) = F - \alpha \sin F - N$$

betrachtet, deren Nullstellen $F(\alpha, N)$ den Lösungen der Gl. (31) entsprechen. Es möge etwa ein gegebener Wert von N zwischen $-\alpha + \pi/2$ und $\alpha + 3\pi/2$ liegen. Das bedeutet

$$-\alpha + \frac{\pi}{2} < -Q < \alpha + \frac{3\pi}{2}. \tag{32}$$

Dann gilt für den Funktionswert Φ bei $F = \pi/2$

$$\Phi\left(\frac{\pi}{2}\right) = \frac{\pi}{2} - \alpha - N < 0$$

und bei $F = 3\pi/2$

$$\Phi\left(\frac{3\pi}{2}\right) = \frac{3\pi}{2} + \alpha - N > 0 .$$

Es gibt also unter der Voraussetzung (32) im F-Intervall $J = [\pi/2, 3\pi/2]$ eine ungerade Anzahl von Nullstellen der Funktion Φ. Nun ist aber die Ableitung

$$\frac{d\Phi(F)}{dF} = 1 - \alpha \cos F$$

in J stets positiv, daher ist $\Phi(F)$ in J monoton wachsend und nimmt den Wert Null dort nur einmal an. Das Intervall J entspricht einem A-Intervall

$$Q + \frac{\pi}{2} \leqq A \leqq Q + \frac{3\pi}{2} ; \tag{33}$$

die Einschränkungen (32), (33) sind mit der Ungleichung (27), $A^2 \leqq \alpha^2$, verträglich.

Von Lagrange rührt die Lösung der Kepler-Gleichung der Himmelsmechanik durch Reihenentwicklung nach trigonometrischen Funktionen her (vgl. [13], S. 303; [14], S. 6, S. 553). Die hier zu Gl. (30) benötigte Entwicklung für $(1 - \alpha \cos F)^2$, mit F aus Gl. (31), lautet (vgl. [13], S. 305)

$$(1 - \alpha \cos F)^2 = 1 + \frac{3}{2}\alpha^2 - 4 \sum_{n=1}^{\infty} \frac{J_n(n\alpha) \cos nN}{n^2} . \tag{34}$$

$J_n(n\alpha)$ bezeichnet die Bessel-Funktion der Ordnung n, und ist für alle reellen α, also auch $\alpha > 1$, und reellen N gleichmäßig konvergent, wie leicht die folgende Majorisierung zeigt: Es gilt

$$|\cos nN| \leqq 1$$

und nach der Hansenschen Ungleichung (vgl. [14], S. 31)

$$|J_n(n\alpha)| \leqq \frac{1}{\sqrt{2}}, \qquad n = 1, 2, 3, \ldots,$$

demnach

$$\left| \sum_{n=1}^{\infty} \frac{J_n(n\alpha) \cos nN}{n^2} \right| \leqq \sum_{n=1}^{\infty} \frac{|J_n(n\alpha)|\, |\cos nN|}{n^2} \leqq \frac{1}{\sqrt{2}} \sum_{n=1}^{\infty} \frac{1}{n^2},$$

wobei bekanntlich die Reihe $\sum_{n=1}^{\infty} \frac{1}{n^2}$ konvergent ist und den Wert $\pi^2/6$ hat. Die Funktionenreihe in (34) läßt sich bei festem $\alpha = \alpha(r, r')$, d. h. bei festen Werten der Radialkoordinaten der Punkte (t, r), (t', r'), als Fourier-Reihe bzw. N auffassen und bei festgehaltenem $N = N(q)$, das ist bei konstanter Differenz q der Zeitkoordinaten der beiden Punkte, als Kapteyn-Reihe in α.

Einsetzen der Lösung (34) von Gl. (31) in Gl. (30) führt — nach (28) ist $\alpha = \sqrt{(1 + R^2)(1 + R'^2)}$ — mit Gl. (10) auf die Weltfunktion der auf den zweidimensionalen Unterraum (22) eingeschränkten masselosen Reißner-Weyl-Metrik (21), für zeitartig separierte Punkte:

$$\sigma(Q, R, R', 0) = -\frac{1}{2}\,{}^{(2)}k^2 = \frac{e^2}{4}\left\{R^2R'^2 + 3(R^2 + R'^2) + 5 - 8\sum_{n=1}^{\infty}\frac{J_n\left(n\sqrt{(1+R^2)(1+R'^2)}\right)\cos nQ}{n^2}\right\}; \tag{35}$$

darin ist weiterhin σ geschrieben, wenngleich die über (28) eingeführten dimensionslosen Variablen Q, R, R' verwendet werden. Aus der oben gegebenen Abschätzung der in Gl. (35) enthaltenen Funktionenreihe folgt zugleich eine grobe Einschränkung für die dimensionslosen Radialkoordinaten R, R': Um $\sigma(Q, R, R', 0) < 0$ bei $Q \neq 0$ zu gewährleisten, muß

$$(R^2 + 3)(R'^2 + 3) < 4\left(1 + \frac{\pi^2}{3\sqrt{2}}\right) \sim 13{,}3\ldots \tag{36}$$

mindestens gelten.

Übrigens kann man die Metrik (22) auch als Linienelement eines zweidimensionalen Raum-Zeit-Modells — gelegentlich werden etwa quantenfeldtheoretische Rechnungen in derartigen Modellen vorgenommen — der vierdimensionalen Reißner-Weyl-Lösung bei $m = 0$ auffassen und verfügt dann mit (35) über das Quadrat des zeitartigen geodätischen Abstands in diesem Modell. Im folgenden wird $\sigma(Q, R, R', 0)$ — die Weltfunktion einer kugelsymmetrischen Metrik (11) ist bezüglich der Variablen S in einer gewissen Umgebung von $S = 0$ analytisch (vgl. [15]) — zum Ausgangselement einer Taylor-Entwicklung der zur vollen Metrik (21) gehörigen Weltfunktion $\sigma(Q, R, R', S)$ um $S = 0$ genommen.

5.2.2. Eine aus dem Unterraum $S = 0$ hinausführende Reihenentwicklung für σ

Die nichtlineare Definitionsgleichung (6) für die Weltfunktion nimmt in der Metrik (21) und für σ als Funktion von Q, R, R', S die Gestalt

$$-\frac{1}{1 + \frac{1}{R^2}}(\sigma_{,Q})^2 + \left(1 + \frac{1}{R^2}\right)(\sigma_{,R})^2 + \frac{1}{R^2}S(\sigma_{,S})^2 = 2e^2\sigma \tag{37}$$

an, wobei

$$(S_{,\vartheta})^2 + \frac{1}{\sin^2\vartheta}(S_{,\varphi})^2 = 4S$$

beachtet ist; die zweite der Definitionsgleichungen, Gl. (7), in der Metrik (21) entsteht aus Gl. (37), wenn man in den Koeffizienten R durch R' ersetzt. Aufgrund der Invarianz der Metrik (21) gegen Zeitspiegelung ist zu erwarten, daß $\sigma(Q, R, R', S)$ eine gerade Funktion in Q ist. In den Variablen Q, R, R', S bedeutet somit Gl. (5), die Invarianz der Weltfunktion gegen Vertauschung der beiden Endpunkte,

$$\sigma(Q, R, R', S) = \sigma(Q, R, R', S), \tag{38}$$

d. h., σ ist symmetrisch in R und R'; mit dieser Forderung reicht es aus, von den zwei Definitionsgleichungen nur die eine, Gl. (37), zu betrachten. Die Weltfunktion $\sigma(Q, R, R', S)$ werde nun in einer gewissen Umgebung von $S = 0$ als Potenzreihe in S angesetzt:

$$\sigma(Q, R, R', S) = \sum_{m=0}^{\infty} c_m(Q, R, R')\, S^m = c_0(Q, R, R') + \sum_{n=0}^{\infty} c_n(Q, R, R')\, S^n. \tag{39}$$

Von den Koeffizienten $c_m(Q, R, R')$ wird gemäß Gl. (38) die Symmetrie

$$c_m(Q, R, R') = c_m(Q, R', R) \tag{40}$$

verlangt. Bereits berechnet ist der Koeffizient c_0, $c_0(Q, R, R') = \sigma(Q, R, R', 0)$ nach Gl. (35); er erfüllt die Bedingung (40). Aus dem Ansatz (39) entstehen durch partielle Differentiation nach Q, R, S die Potenzreihen

$$\sigma(Q, R, R', S)_{,Q} = \sum_{m=0}^{\infty} c_m(Q, R, R')_{,Q}\, S^m,$$

$$\sigma(Q, R, R', S)_{,R} = \sum_{m=0}^{\infty} c_m(Q, R, R')_{,R}\, S^m$$

und

$$\sigma(Q, R, R', S)_{,S} = \sum_{n=1}^{\infty} n c_n(Q, R, R')\, S^{n-1} = \sum_{m=0}^{\infty} (m + 1)\, c_{m+1}(Q, R, R')\, S^m.$$

Für das Quadrat dieser Reihen erhält man jeweils

$$(\sigma_{,Q})^2 = \sum_{m=0}^{\infty} \left(\sum_{j=0}^{m} c_{j,Q} c_{m-j,Q}\right) S^m = (c_{0,Q})^2 + \sum_{n=1}^{\infty} \left(\sum_{j=0}^{n} c_{j,Q} c_{n-j,Q}\right) S^n, \tag{41}$$

$$(\sigma_{,R})^2 = \sum_{m=0}^{\infty} \left(\sum_{j=0}^{m} c_{j,R} c_{m-j,R}\right) S^m = (c_{0,R})^2 + \sum_{n=1}^{\infty} \left(\sum_{j=0}^{n} c_{j,R} c_{n-j,R}\right) S^n \tag{42}$$

und

$$S(\sigma_{,S})^2 = \sum_{m=0}^{\infty} \left(\sum_{j=0}^{\infty} (j + 1)\,(m - j + 1)\; c_{j+1} c_{m-j+1}\right) S^{m+1}$$

$$= \sum_{n=1}^{\infty} \left(\sum_{j=0}^{n-1} (j + 1)\,(n - j)\; c_{j+1} c_{n-j}\right) S^n. \tag{43}$$

Einsetzen der Entwicklungen (39), (41), ..., (43) in Gl. (37) und Koeffizientenvergleich führt auf die Differentialgleichung

$$-\frac{R^2}{R^2 + 1}\,(c_{0,Q})^2 + \frac{R^2 + 1}{R^2}\,(c_{0,R})^2 = 2e^2 c_0, \tag{44}$$

die mit $c_0(Q, R, R') = \sigma(Q, R, R', 0)$ aus Gl. (35) identisch erfüllt ist, und ein rekursives System von partiellen Differentialgleichungen 1. Ordnung in zwei Variablen für die Entwicklungskoeffizienten $c_n(Q, R, R')$, $n = 1, 2, 3, \ldots$:

$$-\frac{R^2}{R^2 + 1} \sum_{j=0}^{n} c_{j,Q} c_{n-j,Q} + \frac{R^2 + 1}{R^2} \sum_{j=0}^{n} c_{j,R} c_{n-j,R}$$

$$+ \frac{1}{R^2} \sum_{j=0}^{n} (j + 1)\,(n - j)\; c_{j+1} c_{n-j} = 2e^2 c_n. \tag{45}$$

Die ersten Gleichungen dieses Systems lauten:

$$n = 1: -\frac{R^2}{R^2+1} c_{0,Q} c_{1,Q} + \frac{R^2+1}{R^2} c_{0,R} c_{1,R} + \frac{c_1{}^2}{2R^2} = e^2 c_1 .$$

Daraus entsteht durch die Substitution $c_1 = (\tilde{c}_1)^{-1}$ die lineare Gleichung

$$-\frac{R^2}{R^2+1} c_{0,Q} \tilde{c}_{1,Q} + \frac{R^2+1}{R^2} c_{0,R} \tilde{c}_{1,R} + e^2 \tilde{c}_1 = \frac{1}{2R^2}. \tag{46}$$

Ab $n = 2$ ergeben sich unmittelbar lineare Differentialgleichungen für die c_n.

$$\begin{aligned} n = 2: & -\frac{R^2}{R^2+1} c_{0,Q} c_{2,Q} + \frac{R^2+1}{R^2} c_{0,R} c_{2,R} + \left(\frac{2}{R^2} c_1 - e^2\right) c_2 \\ & = \frac{1}{2} \left\{\frac{R^2}{R^2+1} (c_{1,Q})^2 - \frac{R^2+1}{R^2} (c_{1,R})^2\right\}, \end{aligned} \tag{47}$$

$$\begin{aligned} n = 3: & -\frac{R^2}{R^2+1} c_{0,Q} c_{3,Q} + \frac{R^2+1}{R^2} c_{0,R} c_{3,R} + \left(\frac{3}{R^2} c_1 - e^2\right) c_3 \\ & = \frac{R^2}{R^2+1} c_{1,Q} c_{2,Q} - \frac{R^2+1}{R^2} c_{1,R} c_{2,R} - \frac{2}{R^2} (c_2)^2 \end{aligned} \tag{48}$$

und so fort. Die allgemeine Gestalt des Differentialoperators $D_l^{(1)}$ der l-ten Gleichung, $l \geqq 2$, ist

$$D_l^{(1)} = -\frac{R^2}{R^2+1} C_{0,Q} \frac{\partial}{\partial Q} + \frac{R^2+1}{R^2} c_{0,R} \frac{\partial}{\partial R} + \frac{l}{R^2} c_1 - e^2 ; \tag{49}$$

darin folgen $c_{0,Q}$, $c_{0,R}$ aus Gl. (35), c_1 aus Gl. (46). Mit den Gleichungen (45) — als Nebenbedingung wird die Symmetrierelation (40) gefordert — liegt ein rekursives System linearer Transportgleichungen zur Berechnung der Koeffizienten $c_n(Q, R, R')$, $n \geqq 1$, vor, die die Winkelabhängigkeit der Weltfunktion (39) für die masselose Reißner-Weyl-Metrik (21) bestimmen.

Literatur

[1] Synge, J. L.: Relativity: The General Theory. Amsterdam: North-Holland Publish. Comp. 1960.

[2] John, R. W.: Exp. Techn. Phys. **23** (1975) 127.

[3] John, R. W.: Ann. Phys. (Lpz.) **41** (1984) 67.

[4] Hadamard, J.: Lectures on Cauchy's Problem in Linear Partial Differential Equations. New Haven: Yale Univ. Press 1923.

[5] Friedlander, F. G.: The Wave Equation on a Curved Space-Time. Cambridge: Cambridge Univ. Press 1975.

[6] Günther, P.: In: Sachs, H. u. a. (Hrsg.): Entwicklung der Mathematik in der DDR. Berlin: Dtsch. Verlag d. Wissenschaften 1974, S. 185.

[7] DeWitt, B. S.: Phys. Rep. **19** (1975) 295.

[8] Dixon, W. G.: In: Ehlers, J. (Hrsg.): Isolated Gravitating Systems in General Relativity (Rend. della Scuola Internaz. di Fisica "Enrico Fermi", 67 corso). Amsterdam: North-Holland Publish. Comp. 1979, S. 156.
[9] Reissner, H.: Ann. Phys. (Lpz.) **50** (1916) 106.
[10] Weyl, H.: Ann. Phys. (Lpz.) **54** (1917) 117.
[11] Hawking, S. W.; Ellis, G. F. R.: The Large Scale Structure of Space-Time. Cambridge: Cambridge Univ. Press 1973.
[12] Treder, H.-J.: Relativität und Kosmos. Berlin: Akademie-Verlag 1968.
[13] Stumpff, K.: Himmelsmechanik, Bd. I. Berlin: Dtsch. Verlag d. Wissenschaften 1959.
[14] Watson, G. N.: A Treatise on the Theory of Bessel Functions. Cambridge: Cambridge Univ. Press 1944.
[15] Buchdahl, H. A.; Warner, N. P.: Gen. Rel. Grav. **10** (1979) 911.

6. Ein Hamilton-Prinzip für Probekörper mit innerer Struktur

Von Helmut Fuchs

6.1. Das Bewegungsproblem für Probekörper

6.1.1.

Massenpunkte bewegen sich nach der Allgemeinen Relativitätstheorie auf den Geodäten der zugrunde gelegten Raum-Zeit. Dieses Bewegungsgesetz wurde zunächst unabhängig von den Feldgleichungen postuliert, später aber von Einstein und Grommer [1] aus den Einsteinschen Gleichungen

$$R_{mn} - \frac{1}{2} g_{mn} R = \varkappa T_{mn} \tag{1}$$

abgeleitet. Dabei wurden die Teilchen als polartige Feldsingularitäten aufgefaßt. Mathisson [2] und Papapetrou [3] behandelten später unabhängig voneinander und nach unterschiedlichen Methoden das Bewegungsproblem für Probekörper mit innerer Struktur. Entsprechend dem Vorgehen von Einstein und Grommer charakterisiert Mathisson dabei die Struktur der Teilchen durch die Feldsingularitäten. Papapetrou geht hingegen von den dynamischen Gleichungen

$$T^{mn}{}_{;n} = 0 \tag{2}$$

aus und beschreibt die Struktur der Teilchen durch Integrale über raumartige Schnitte einer „Weltröhre". Außerhalb der Weltröhre sollen die Einsteinschen Vakuumgleichungen gelten. Für die Pol-Dipol-Teilchen — es werden nur Pol-Dipol-Singularitäten berücksichtigt bzw. bei Papapetrou Quadrupol- und höhere Momente der Materieverteilung vernachlässigt — erhält man die Gleichungen

$$\frac{\mathrm{D}}{\mathrm{d}s} P^m = \frac{1}{2} R^m_{nik} \dot{x}^n S^{ik}, \tag{3a}$$

$$\frac{\mathrm{D}}{\mathrm{d}s} S^{ik} = P^i \dot{x}^k - P^k \dot{x}^i. \tag{3b}$$

Hierbei sind $\dot{x}^n$ die Vierergeschwindigkeit, P^m der Impulsvektor und S^{ik} der Spintensor des Teilchens sowie R^m_{nik} der Riemann-Christoffel-Tensor der zugrunde gelegten Raum-Zeit.

Dieses Gleichungssystem allein bestimmt noch nicht den Bewegungsvorgang. Es werden demzufolge Zusatzbedingungen postuliert, die die „repräsentative" Weltlinie als Weltlinie des Massenmittelpunktes festlegen sollen. Die bekanntesten Bedingungen dieser Art sind

$$S^{mn} \dot{x}_n = 0, \qquad S^{mn} P_n = 0. \tag{4a, b}$$

Die erste Bedingung wurde von Frenkel [4] eingeführt und von Mathisson [2] in die Allgemeine Relativitätstheorie übernommen. Die zweite wird heute weitgehend (vgl. z. B. [5, 6, 7, 8]) als Definitionsgleichung für den Massenmittelpunkt makroskopischer Körper akzeptiert.

Der oben skizzierte Formalismus wurde durch die Einbeziehung höherer Momente, insbesondere von Taub [9], Tulczyjew [5], Dixon [6], Madore [10] und — im Rahmen der Speziellen Relativitätstheorie — von Havas (vgl. seine zusammenfassende Arbeit [13]), erweitert. Allen diesen Versuchen, die Bewegung von Probekörpern oder allgemeiner von isolierten Körpern im Gravitationsfeld oder anderen Feldern zu beschreiben, liegt die Annahme zugrunde, daß der Körper zumindest approximativ durch eine endliche oder abzählbare Menge von tensoriellen Größen (Impulsvektor, Spintensor, Multipolmomente) beschreibbar ist und daß die Bewegung des Körpers durch eine Weltlinie und die Änderung dieser Größen entlang der Weltlinie gegeben ist. Von den dynamischen Gleichungen ausgehend, hat Dixon gezeigt, daß ein isolierter makroskopischer Körper — dessen Materie in einer hinreichend engen Weltröhre verteilt ist — durch eine Weltlinie und in bezug auf diese definierte Größen P^m (Impuls), S^{ik} (Spintensor), $Q^{m_1 \ldots m_N ijkl}$ $(N = 0, 1, 2, \ldots)$ (reduzierte 2^N-Pol-Momente) vollständig beschrieben wird. Diese Größen genügen zehn gewöhnlichen Differentialgleichungen, die sich von (3a, b) durch einen Kraftterm $K^m(x^i, Q, g_{ik})$ bzw. einen Momententerm $J^{mn}(\dot{x}^i, Q, g_{ik})$ unterscheiden. (Für die genaue Definition der auftretenden Größen vgl. [12].) Die Gleichungen sind bei vorgegebener Metrik g_{ik} die Bewegungsgleichungen für die Probekörper mit innerer Struktur. Sie gelten auch für endliche Körper, können dann aber nur als Bewegungsgesetze im Sinne von Havas und Goldberg [14], nämlich als Beziehungen zwischen den Teilchenvariablen und dem unspezifizierten Feld, der Metrik, interpretiert werden. Dies gilt insbesondere auch für das Geodätengesetz, dem die Monopolteilchen unterworfen sind.

Die Gleichungen für die Geodäten können wir aus einem Variationsprinzip ableiten

$$\delta \int_{\tau_1}^{\tau_2} L \, d\tau = 0, \qquad L = \sqrt{g_{ik} \dot{x}^i \dot{x}^k}\,; \tag{5}$$

das heißt, den allgemein-relativistischen Bewegungsgleichungen bzw. -gesetzen entspricht ein Hamilton-Prinzip im Sinne der Mechanik. Da nun die strukturierten Körper letzten Endes mit Hilfe von Größen, die den Körper als Ganzes charakterisieren — Impuls, Drehimpuls usw. —, also mit den Mitteln der Mechanik beschrieben werden, erhebt sich die Frage, ob nicht auch die Bewegungsgleichungen für solche Körper aus einem Hamilton-Prinzip zu gewinnen sind.

Im Rahmen der Speziellen Relativitätstheorie hatte Frenkel [4] bereits einen entsprechenden Versuch unternommen. Die Ableitung der allgemein-relativistischen Bewegungsgleichungen für Probekörper mit innerer Struktur geht auf Arbeiten von Bartrum [15], Fuchs [16] sowie Bailey und Israel [17] zurück. In [16] haben wir den speziell-relativistischen Formalismus von Halbwachs und Vigier [18] auf die Allgemeine Relativitätstheorie übertragen. Dabei wurde angenommen, daß die innere Struktur der Teilchen mit Vektoren beschreibbar ist. Ohne die Lagrange-Funktion festzulegen, wurden wir bei entsprechender Definition von Drehimpuls und Impuls auf die Gleichungen von Mathisson und Papapetrou geführt. Den von Bartrum behandelten Fall konnten wir in unseren allgemeineren Formalismus einschließen.

6.1.2.

Die klassischen Bewegungsgleichungen für einen Probekörper in einem Eichfeld haben die Form einer verallgemeinerten Lorentz-Gleichung:

$$\dot{P}_m = I_\alpha F^\alpha_{mn} \dot{x}^n, \tag{6a}$$

$$\dot{I}_\alpha + C^\beta_{\alpha\gamma} A_m{}^\gamma I_\beta \dot{x}^m = 0. \tag{6b}$$

$A_m{}^\alpha$, F^α_{mn} sind dabei das Eichpotential bzw. die Eichfeldstärke, $C^\alpha_{\beta\gamma}$ die Strukturkonstanten der zugrunde gelegten Gruppe und I_α die „Eichladung" oder der verallgemeinerte Isospin, eine Größe die sich nach der co-adjungierten Darstellung der Gruppe transformiert. Die Gleichungen (6a, b) wurden für den Fall der SU(2) von Wong [19] in Analogie zur Elektrodynamik aus entsprechenden quantentheoretischen Operatorengleichungen geschlossen. Im Rahmen der Kaluza-Klein-Theorien ergaben sie sich aus den Geodäten eines $(4 + N)$-dimensionalen Riemannschen Raumes [20, 21]. Sie wurden auch, ähnlich wie die Mathisson-Papapetrou-Gleichungen, aus einem Hamilton-Prinzip geschlossen (vgl. hierzu z. B. [22, 23]). In [24] haben wir gezeigt, daß die Gleichungen (6a, b), unabhängig von der speziellen Form der Lagrange-Funktion und unabhängig von der zur Beschreibung der inneren Struktur benutzten Darstellung der Gruppe, aus dem Hamilton-Prinzip folgen. Eine sorgfältige Analyse der dynamischen Gleichungen führte zu Verallgemeinerungen der Gleichungen (6a, b). Dabei wurden die Methoden von Mathisson (in [26]) und von Papapetrou (in [25]) angewandt. Ähnliche Verallgemeinerungen wurden aus quantentheoretischen Überlegungen [27, 28] und mit Hilfe des Lagrange-Formalismus gewonnen [29].

6.2. Das Hamilton-Prinzip

Im Falle der Gravitationstheorie und der Eichfeldtheorie gelangen wir also auch über einen Lagrange-Formalismus zu den Bewegungsgleichungen für Probekörper. Dabei wird die innere Struktur durch gewisse geometrische Objekte beschrieben. Diese können z. B. Vektoren der Raum-Zeit (wie in [16]) oder Elemente eines Darstellungsraumes der Eichgruppe (wie in [22, 24]) sein. Wir werden im folgenden einen allgemeinen Lagrange-Formalismus darlegen, der unter anderem auch die oben erwähnten Fälle umfaßt. Dabei werden wir nicht nur die Lagrange-Funktion weitgehend unbestimmt lassen, sondern auch die Variablen, das heißt die Art und die Anzahl der geometrischen Größen, die der Beschreibung der inneren Struktur dienen.

Zur Kennzeichnung einer solchen allgemeinen Struktur benutzen wir eine Methode, die es uns gestattet, eine beliebige Anzahl geometrischer Objekte, die sowohl Koordinaten- als auch Eichtransformationen unterworfen werden können, durch eine Größe mit einem Index darzustellen [30]. Die Bewegung wird dann durch eine Kurve $x = x(\tau)$ der Raum-Zeit und die Variation dieser Größe wiedergegeben. Im allgemeinen werden wir annehmen, daß die zugrunde gelegte Mannigfaltigkeit die vierdimensionale Raum-Zeit ist; der Formalismus ist aber nicht darauf beschränkt, und wir können auch beliebige differenzierbare Mannigfaltigkeiten zulassen. Damit erschließen wir uns die Möglichkeit, höher dimensionale Formulierungen physikalischer Vorgänge (z. B. Kaluza-Klein-Theorien) in den Anwendungsbereich unseres Formalismus einzubeziehen

Es sei nun x^n ein lokales Koordinatensystem auf der Mannigfaltigkeit, so daß die Bewegungskurve durch $x^i = x^i(\tau)$ — τ ist ein monotoner Parameter — gegeben ist. Bei einer Änderung des Koordinatensystems $x^{|i} = x^{|i}(x^k)$ sollen sich die inneren Variablen wie

$$\lambda^{|A} = C^A{}_B \lambda^B, \qquad A, B = 1, 2, \ldots, M,$$
$$C^A{}_B = C^A{}_B(I_j{}^i), \qquad I_j{}^i = \frac{\partial x^i}{\partial x^{|j}}, \tag{7}$$

transformieren. Die Menge der möglichen Variablen, die durch dieses Transformationsverhalten definiert sind, enthält insbesondere die geometrischen Größen nach der Definition von Schouten [31]. Das sind geometrische Objekte λ^A, die sich linear homogen in λ^A und algebraisch homogen in $I_j{}^i$ transformieren. Ein Beispiel hierzu bilden die Tensoren beliebiger Stufe $T^{i_1 i_2 \ldots i_k}_{j_1 j_2 \ldots j_{k'}}$, für die A von 1 bis $M = kk'$ läuft. Es kann aber auch eine beliebige Menge von Tensoren gleicher oder unterschiedlicher Stufe zur Charakterisierung der inneren Struktur herangezogen werden.

Die Größen mögen nun auch ortsabhängigen Transformationen einer l-dimensionalen Lieschen Gruppe unterliegen. Auf dieser Eichgruppe sei ein kanonisches Koordinatensystem erster Art [32] u^α, $\alpha = 1, 2, 3, \ldots, l$, eingeführt. Die Transformationen schreiben wir in der Form

$$\lambda^{\cdot A} = T^A{}_B \lambda^B, \qquad T^A{}_B = T^A{}_B(u^\alpha). \tag{8}$$

Dabei soll gelten

$$T^A{}_B(v^\alpha)\, T^B{}_D(u^\alpha) = T^A{}_D[w^\alpha(u^\beta, v^\beta)], \qquad w(u, v) = uv. \tag{9}$$

Wir haben hier die übliche Form der Bedingung für die Darstellung einer Lie-Gruppe als Homomorphismus der Gruppe auf die Transformationsgruppe eines linearen Raumes. Der Formalismus ist aber nicht auf diese übliche Form beschränkt, sondern gilt auch für allgemeine Darstellungen vom Typ w, für die w kompliziertere Verknüpfungen bedeutet [30].

Die inneren Variablen können also durch eine beliebige Anzahl von Größen λ^A gegeben sein, die den obigen Transformationsgesetzen genügen. Wir werden bei Anwendungen allerdings nur solche Größen in Betracht ziehen, die sich entweder als reine Raum-Zeit-Größen entsprechend (7) oder als reine Eichgrößen entsprechend (8) transformieren. Solche Größen können wir dann in „einer" Variablen λ^A zusammenfassen, wobei die Matrizen $C^A{}_B$, $T^A{}_B$ so gestaltet sein müssen, daß z. B. die Tensoren nicht von den Eichtransformationen und umgekehrt die Eichgrößen nicht von den Koordinatentransformationen betroffen werden, das heißt invariant gegenüber den betreffenden Transformationen sind. (Dies ist leicht durch eine „Kastenstruktur" zu erreichen.) Gemischte Größen werden uns in Gestalt äußerer Felder begegnen.

Als vorgegebene äußere Felder $E^{(A)}$ wollen wir solche Größen zulassen, die sich homogen entsprechend (7) und (8) transformieren. Für diese können wir bei vorgegebenem linearem Zusammenhang Γ^i_{mn} auf der Basismannigfaltigkeit x_n und bei vorgegebenem Eichpotential $A_m{}^\alpha$ eine doppelt kovariante Ableitung (vgl. [33, 34, 35]) bilden. Diese hat die allgemeine Form [30]

$$E^{(A)}_{\|i} := E^{(A)}_{,i} - \tilde{C}^{(A)r}_{(B)s} \Gamma^s_{ri} E^{(B)} - \tilde{T}^{(A)}_{(B)\alpha} A_i{}^\alpha E^{(B)}, \tag{10}$$

mit

$$\tilde{C}^{Ar}_{Bs} := \left.\frac{\partial C^A{}_B}{\partial I^s{}_r}\right|_{I_r{}^s=\delta_r{}^s}, \qquad \tilde{T}^A_{B\alpha} := \left.\frac{\partial T^A{}_B}{\partial u^\alpha}\right|_{u^\alpha=0}. \tag{11}$$

Für die inneren Variablen führen wir die entsprechende absolute Ableitung entlang der Kurve $x^i = x^i(\tau)$ ein:

$$\frac{\mathrm{D}}{\mathrm{d}\tau}\lambda^A \equiv \bar{\lambda}^A := \dot{\lambda}^A - \tilde{C}^{Ar}_{Bs}\Gamma^r_{si}\lambda^B\dot{x}^i - \tilde{T}^A_{B\alpha}A_i{}^\alpha\lambda^B\dot{x}^i. \tag{12}$$

Damit haben wir eine minimale Kopplung der inneren Variablen an die äußeren Felder Γ^r_{si}, $A_i{}^\alpha$, das heißt eine Wirkung dieser Felder auf den mit den Variablen λ^A beschriebenen Körper eingeführt. Als äußere Felder $E^{(A)}$ können z. B. ein metrischer Tensor g_{ik}, der Riemann-Christoffel-Tensor R^i_{kmn}, Tetraden $h_m{}^a$ und der Eichfeldstärketensor F^α_{mn} auftreten. Die beiden letzten sind typische Beispiele für Größen, die beiden Arten von Transformationen (7) und (8) unterworfen sind.

Wir nehmen nun an, daß die Bewegung eines durch die Variablen λ^A repräsentierten Probekörpers in den äußeren Feldern Γ^r_{si}, $A_i{}^\alpha$ und $E^{(A)}$ durch eine Lagrange-Funktion

$$L = L(\dot{x}^m, \lambda^A, \bar{\lambda}^A, E^{(A)}) \tag{13}$$

bestimmt wird, die invariant gegenüber Koordinaten- und Eichtransformationen ist. Aus dem Hamilton-Prinzip

$$\delta\int_{\tau_1}^{\tau_2} L\,\mathrm{d}\tau = 0 \tag{14}$$

folgen bei unabhängiger Variation der Kurve $x^i = x^i(\tau)$ und der inneren Variablen λ^A, die an den Endpunkten verschwindet, die Euler-Lagrange-Gleichungen

$$\frac{\partial L}{\partial x^m} - \frac{\mathrm{d}}{\mathrm{d}\tau}\frac{\partial L}{\partial \dot{x}^m} = 0, \tag{15a}$$

$$\frac{\partial L}{\partial \lambda^A} - \frac{\mathrm{d}}{\mathrm{d}\tau}\frac{\partial L}{\partial \bar{\lambda}^A} = 0. \tag{15b}$$

6.3. Bewegungsgleichungen

Wir wollen nun die allgemeine Form der Bewegungsgleichungen für Probekörper mit innerer Struktur aus den Euler-Lagrange-Gleichungen ableiten. Hierzu benutzen wir Identitäten, die infolge der Invarianz der Lagrange-Funktion gegenüber Koordinaten- und Eichtransformationen bestehen. Um sie abzuleiten, gehen wir von den Invarianzgleichungen

$$L(\dot{x}^{|m}, \lambda^{|A}, \bar{\lambda}^{|A}, E'^{(A)}) = L(\dot{x}^m, \lambda^A, \bar{\lambda}^A, E^{(A)}), \tag{16a}$$

$$L(\dot{x}^m, \lambda^{\cdot A}, \bar{\lambda}^{\cdot A}, E^{\cdot (A)}) = L(\dot{x}^m, \lambda^A, \bar{\lambda}^A, E^{(A)}) \tag{16b}$$

aus. Die linken Seiten hängen von den Komponenten der Transformationsmatrix $I_s{}^r$ und ihren Ableitungen bzw. — für den Fall der Eichtransformationen — von den Gruppenparametern u^α und ihren Ableitungen ab. Differenzieren wir die Gleichungen nach $I_s{}^r$, $I^r_{s,t}$ bzw. nach u^α, $u^\alpha_{,t}$ und setzen nach Ausführung der Differentationen $I_s{}^r = \delta_s{}^r$ bzw. $u^\alpha = 0$, so erhalten wir die gesuchten Identitäten (vgl. auch [36]):

$$-\frac{\partial^* L}{\partial \dot{x}^r}\,\dot{x}^s + \frac{\partial L}{\partial \lambda^A}\,\lambda^B \tilde{C}^{As}_{Br} + \frac{\partial L}{\partial \bar{\lambda}^A}\,\bar{\lambda}^B \tilde{C}^{As}_{Br} + \frac{\partial L}{\partial E^{(A)}}\,E^{(B)} \tilde{C}^{(A)s}_{(B)r} \equiv 0, \tag{17a}$$

$$\frac{\partial^* L}{\partial \lambda^A}\,\lambda^B \tilde{T}^A_{B\alpha} + \frac{\partial L}{\partial \bar{\lambda}^A}\,\bar{\lambda}^B \tilde{T}^A_{B\alpha} + \frac{\partial L}{\partial E^{(A)}}\,E^{(B)} \tilde{T}^{(A)}_{(B)\alpha} \equiv 0. \tag{17b}$$

Hierbei bedeutet ∂^*, daß bei der entsprechenden Ableitung nur das explizite Auftreten der Größen $\dot{x}^m$ bzw. λ^A, nicht aber ihr Vorkommen in $\bar{\lambda}^A$ berücksichtigt wird.

Infolge der vorausgesetzten Struktur (13) der Lagrange-Funktion erhalten wir für die Gleichungen (15b), die der Variation der inneren Variablen entsprechen,

$$\frac{\partial^* L}{\partial \lambda^A} + \frac{\partial L}{\partial \bar{\lambda}^B}\,(-\tilde{C}^{Bs}_{Ar} \Gamma^r_{sa} - \tilde{T}^B_{A\alpha} A_a{}^\alpha)\,\dot{x}^a - \frac{\mathrm{d}}{\mathrm{d}\tau}\frac{\partial L}{\partial \bar{\lambda}^A} = 0. \tag{18}$$

Führen wir die oben definierte absolute Ableitung ein, so erhalten wir für den ersten Satz der Bewegungsgleichungen die einfache Beziehung

$$\frac{\mathrm{D}}{\mathrm{d}\tau}\frac{\partial L}{\partial \bar{\lambda}^A} = \frac{\partial^* L}{\partial \lambda^A}. \tag{19}$$

Wesentlich komplizierter werden die Rechnungen, wenn man die Euler-Lagrange-Gleichungen (15a), die der Variation der Kurve entsprechen, auf eine einfache und explizit kovariante Form bringen will. Für unsere allgemeine Lagrange-Funktion (13) erhalten wir zunächst aus (15a)

$$-\frac{\mathrm{d}}{\mathrm{d}\tau}\left(\frac{\partial^* L}{\partial \dot{x}^m} + \frac{\partial L}{\partial \bar{\lambda}^A}\,\lambda^B[-\tilde{C}^{As}_{Br}\Gamma^r_{sm} - \tilde{T}^A_{B\alpha} A_m{}^\alpha]\right)$$

$$+ \frac{\partial L}{\partial \bar{\lambda}^A}\,\lambda^B(-\tilde{C}^{As}_{Br}\Gamma^r_{sa,m}\dot{x}^a - \tilde{T}^A_{B\alpha} A^\alpha_{a,m}\dot{x}^a) + \frac{\partial L}{\partial E^{(A)}}\,E^{(A)}_{,m} = 0. \tag{20}$$

Diese Gleichungen können nach einer längeren Rechnung mit Hilfe des ersten Satzes der Bewegungsgleichungen (19) und der Identitäten (16a, b) auf die Gestalt gebracht werden:

$$\dot{P}_m - P_r \dot{x}^s \Gamma^r_{sm} - \frac{\partial L^A}{\partial E^{(A)}}\,E^{(A)}_{\|m} = R^A_{Bmn} S_A{}^B \dot{x}^n. \tag{21}$$

Hierbei haben wir den eichinvarianten Impulsvektor

$$P_m := \frac{\partial^* L}{\partial \dot{x}^m} \tag{22}$$

eingeführt und zur Abkürzung

$$R^A_{Bmn} := \tilde{C}^{As}_{Br} R^r_{smn} + \tilde{T}^A_{B\alpha} F^\alpha_{mn}, \qquad S^A_B := \frac{\partial L}{\partial \bar{\lambda}^A}\,\lambda^B \tag{23a, b}$$

mit

$$R^r_{smn} := \Gamma^r_{sm,n} - \Gamma^r_{sn,m} + \Gamma^r_{bn}\Gamma^b_{sm} - \Gamma^r_{bm}\Gamma^b_{sn}, \tag{24}$$

$$F^\alpha_{mn} := A^\alpha_{m,n} - A^\alpha_{n,m} + C^\alpha_{\beta\gamma}A_m{}^\beta A_n{}^\gamma \tag{25}$$

geschrieben.

Wir sehen, daß in die translatorischen Bewegungsgleichungen die Ausdrücke

$$S_r{}^s := \frac{\partial L}{\partial \bar{\lambda}^A}\,\lambda^B \tilde{C}^{As}_{Br}, \qquad S_\alpha := \frac{\partial L}{\partial \bar{\lambda}^A}\,\lambda^B \tilde{T}^A_{B\alpha} \tag{26 a, b}$$

eingehen. Es sind dies Größen, die die Kopplung des Teilchens an die Krümmung der Raum-Zeit bzw. an die Feldstärke des Eichfeldes bestimmen. Wir fassen sie als wesentliche, die Struktur des Teilchens beschreibende Charakteristika auf. Später werden wir diese Strukturgrößen in spezielleren Fällen mit dem Spintensor bzw. mit der Eichladung in Zusammenhang bringen.

Aus dem ersten Satz (19) der Bewegungsgleichungen lassen sich mit Hilfe der Identitäten (17 a, b) Gleichungen für die Entwicklung der Strukturgrößen angeben:

$$\frac{D}{d\tau}\,S_s{}^r = P_s\dot{x}^r - \frac{\partial L}{\partial E^{(A)}}\,E^{(B)}\tilde{C}^{(A)r}_{(B)s}, \tag{27}$$

$$\frac{D}{d\tau}\,S_\alpha = -\frac{\partial L}{\partial E^{(A)}}\,E^{(B)}\tilde{T}^{(A)}_{(B)\alpha}. \tag{28}$$

Führen wir diese Größen auch in die Bewegungsgleichungen (21) ein, so nehmen diese die Gestalt an:

$$\dot{P}_m - P_r\dot{x}^s\Gamma^r_{sm} - \frac{\partial L}{\partial E^{(A)}}\,E^{(A)}_{\|m} = S_r{}^s R^r_{smn}\dot{x}^n + S_\alpha F^\alpha_{mn}\dot{x}^n. \tag{29}$$

Die Kopplungsterme auf der rechten Seite der Gleichungen erinnern bereits an die entsprechenden Terme in den Mathisson-Papapetrou-Gleichungen (3 a) für Pol-Dipol-Teilchen in der Allgemeinen Relativitätstheorie bzw. in den Wong-Gleichungen (6 a) für die Bewegung von Eichladungen in einem vorgegebenen Eichfeld.

Um die Bewegung des Teilchens zu bestimmen — die innere und die äußere —, müssen wir die Gleichungen (19) und (29) integrieren. Die Strukturgrößen $S_s{}^r$, S_α erfüllen dann automatisch die Gleichungen (27) und (28). Diese Gleichungen gehören nicht zu den eigentlichen Bewegungsgleichungen, sondern sind nur eine Folge derselben.

6.4. Erhaltungssätze

Im allgemeinen können wir keine Erhaltungsgrößen, das heißt erste Integrale der Bewegungsgleichungen (19) und (20) bzw. (29), erwarten. Die Invarianz der Lagrange-Funktion gegenüber Koordinaten- und Eichtransformation führt zu den Identitäten (17 a, b) und nicht zu Erhaltungssätzen. In speziellen Fällen jedoch, nämlich dann, wenn die äußeren Felder gewissen Symmetrieforderungen genügen, lassen sich aus dem allgemeinen Hamilton-Prinzip erste Integrale mit Hilfe des Noether-Theorems [37] ableiten. Diese allgemeinen Erhaltungsgrößen gehen bei entsprechenden Spezialisierungen in solche über, die in der Literatur bereits nach unterschiedlichen Methoden abgeleitet wurden.

Es sei auf der Basismannigfaltigkeit ein Vektorfeld $\xi^m(x^n)$ und ein Skalarfeld $W(x^m) = W^\alpha(x^m)\, T_\alpha$ (T_α ist eine Basis der Lie-Algebra der Gruppe) mit den Komponenten $W^\alpha(x^m)$, also ein Skalarfeld mit Werten in der Lie-Algebra, gegeben. Mit Hilfe dieser Felder definieren wir eine aktive infinitesimale Transformation im Konfigurationsraum (x^m, λ^A):

$$x^m \to x^m + \varepsilon\xi^m \qquad \equiv x^m + \delta x^m, \tag{30a}$$

$$\lambda^A \to \lambda^A + \varepsilon[-\tilde{C}^{As}_{Br}\lambda^B\xi^r_{,s} + \tilde{T}^A_{B\alpha}\lambda^B W^\alpha] \equiv \lambda^A + \delta\lambda^A. \tag{30b}$$

Bei einer solchen Transformation geht eine Bewegungskurve $[x^m(\tau), \lambda^A(\tau)]$ in die Bewegungskurve $\left[x^m(\tau) + \delta x^m\big(x^m(\tau)\big), \lambda^A(\tau) + \delta\lambda^A\big(x^m(\tau)\big)\right]$ über.

Wir wollen nun untersuchen, welchen Bedingungen die äußeren Felder Γ^i_{mn}, $A_m{}^\alpha$, $E^{(A)}$ genügen müssen, damit die obige Transformation eine Symmetrietransformation unseres Hamilton-Prinzips darstellt, also die Variation

$$\delta L = \frac{\partial^*}{\partial\dot{x}^m}\,\delta\dot{x}^m + \frac{\lambda^* L}{\partial\lambda^A}\,\delta\lambda^A + \frac{\partial L}{\bar{\lambda}^A}\,\delta\bar{\lambda}^A + \frac{\partial L}{\partial E^{(A)}}\,E^{(A)}_{,m}\xi^m \tag{31}$$

verschwindet. Für die Variation der absoluten Ableitung ergibt sich der Ausdruck

$$\begin{aligned}\delta\bar{\lambda}^A = &-\lambda^B(\tilde{C}^{As}_{Br}\xi^r_{,s} - \tilde{T}^A_{B\alpha}W^\alpha) - \lambda^B\dot{x}^t(\tilde{C}^{As}_{Br}\xi^r_{,st} - \tilde{T}^A_{B\alpha}W^\alpha_{,t}) + \tilde{C}^{As}_{Br}\dot{x}^a(\Gamma^r_{sa}\lambda^c\tilde{C}^{Bp}_{cq}\xi_p{}^q - \Gamma^r_{sa,u}\xi^n\lambda^B)\\ &- \tilde{C}^{As}_{Br}(\Gamma^r_{sa}\lambda^B\xi^a_{,m}\dot{x}^m + \Gamma^r_{sm}\dot{x}^m\lambda^c\tilde{T}^B_{c\alpha}W^\alpha)\\ &- \tilde{T}^A_{B\alpha}(A^\alpha_{a,n}\xi^n\lambda^B\dot{x}^n - A_a{}^\alpha\tilde{C}^{Bs}_{cr}\xi^r_{,s}\dot{x}^a\lambda^c + A_a{}^\alpha\lambda^B\xi^a_{,m}\dot{x}^m + A_m{}^\alpha\dot{x}^m\tilde{T}^B_{c\beta}W^\beta\lambda^c).\end{aligned} \tag{32}$$

Gehen wir damit in L ein, so erhalten wir nach langer Rechnung mit Hilfe der Identitäten (17a, b)

$$\delta L = -\frac{\partial L}{\partial\bar{\lambda}^A}\,\lambda^B\dot{x}^a[\tilde{C}^{As}_{Br}\mathcal{L}_\xi\Gamma^r_{sa} - \tilde{T}^A_{B\alpha}(\mathcal{L}_\xi A_a{}^\alpha - W^\alpha_{\|a})] + \frac{\partial L}{\partial E^{(A)}}\,(\mathcal{L}_\xi E^{(A)} - \tilde{T}^{(A)}_{(B)\alpha}E^{(B)}W^\alpha). \tag{33}$$

Die Lieschen Ableitungen sind dabei wie folgt definiert:

$$\mathcal{L}_\xi\Gamma^r_{sa} := \xi^r_{,sa} + \Gamma^r_{sa,n}\xi^n + \Gamma^r_{sn}\xi^n_{,a} = \Gamma^m_{sa}\xi^r_{,m} + \Gamma^r_{na}\xi^n_{,s}, \tag{34a}$$

$$\mathcal{L}_\xi A_a{}^\alpha := A^\alpha_{a,n}\xi^n + A_n{}^\alpha\xi^n_{,a}, \tag{34b}$$

$$\mathcal{L}_\xi E^{(A)} := E^{(A)}_{,n}\xi^n + \tilde{C}^{(A)s}_{(B)r}E^{(B)}\xi^r_{,s}. \tag{34c}$$

$W^\alpha_{\|a}$ bedeutet die eichkovariante Ableitung $W^\alpha_{|m} - C^\alpha_{\beta r}A_m{}^r W^\beta$.

Die Lagrange-Funktion ist also invariant gegenüber den Transformationen (30a, b), wenn folgende Symmetrieforderungen gleichzeitig erfüllt sind:

$$\underset{\text{(a)}}{\mathcal{L}_\xi\Gamma^r_{sa} = 0}, \qquad \underset{\text{(b)}}{\mathcal{L}_\xi A_a{}^\alpha = W^\alpha_{\|a}}, \qquad \underset{\text{(c)}}{\mathcal{L}_\xi E^{(A)} = \tilde{T}^{(A)}_{(B)\alpha}E^{(B)}W^\alpha}. \tag{35}$$

Die Beziehung (35a) ist die notwendige und hinreichende Bedingung dafür, daß die Transformation (30a) eine affine Bewegung in dem Raum x_n mit dem linearen Zusammenhang Γ^r_{sa} ist [38]. Die Beziehung (35b) stimmt mit der Bedingung überein, die für die Symmetrie eines Eichfeldes von verschiedenen Autoren gefunden wurde (vgl. [39, 40]), und (35c) ist die Verallgemeinerung der aus (35b) folgenden Bedingung für den Eichfeldstärketensor, $\mathcal{L}_\xi F_{mn} = -[F_{mn}, W]$.

Wenn also die äußeren Felder den Bedingungen (34a, b, c) genügen, sind die Transformationen (30a, b) eine Invarianztransformation unseres Hamilton-Prinzips. Nach dem Noetherschen Theorem [37] ist dann die Größe

$$C = \frac{\partial L}{\partial \dot{x}^k}\, \delta x^k + \frac{\partial L}{\partial \dot{\lambda}^A}\, \partial \lambda^A \tag{36}$$

ein erstes Integral der Bewegungsgleichungen. Wegen

$$\frac{\partial L}{\partial \dot{x}^m} = \frac{\partial^* L}{\partial \dot{x}^m} + \frac{\partial L}{\partial \bar{\lambda}^A}\, \lambda^B(-\tilde{C}^{As}_{Br}\Gamma^r_{sm} - \tilde{T}^A_{B\alpha}A_m{}^\alpha), \tag{37}$$

$$\frac{\partial L}{\partial \dot{\lambda}^A} = \frac{\partial L}{\partial \bar{\lambda}^A} \tag{38}$$

erhalten wir so mit den Definitionen (26a, b) für unsere Größen $S_s{}^r$, S_α die Erhaltungsgröße

$$C = P_m\xi^m - S^s_r\xi^r_{;s} + S^s_r\Delta^r_{sm}\xi^m + S_\alpha W^\alpha - S_\alpha A_m{}^\alpha\xi^m. \tag{39}$$

$\xi^r_{;s}$ wird dabei mit der Affinität Γ^r_{sa} gebildet, Δ^r_{sm} ist die Torsion,

$$\Delta^r_{sm} = \Gamma^r_{sm} - \Gamma^r_{ms}. \tag{40}$$

Wir erkennen in den einzelnen Termen dieses ersten Integrals Ausdrücke, die in gleicher Form, aber mit speziellerer Bedeutung in der Literatur vorkommen. Der erste Term für sich allein ist als erstes Integral der Geodätengleichung in einer Riemannschen Raum-Zeit bekannt. Das Vektorfeld ξ^m muß in diesem Falle ein Killing-Vektorfeld der Raum-Zeit-Mannigfaltigkeit sein. Mit der gleichen Bedeutung von ξ^m bilden die beiden ersten Terme zusammen eine Erhaltungsgröße der Mathisson-Papapetrou-Gleichungen [41]. Zu dieser Größe kommt der dritte Term, spezialisiert auf einen metrikkompatiblen Zusammenhang [42], hinzu, wenn die Mathisson-Papapetrou-Gleichungen im Rahmen der Einstein-Cartan-Theorien formuliert werden [4]. Die beiden letzten Terme sind zusammen mit dem ersten als erstes Integral der Wong-Gleichungen für ein symmetrisches Eichpotential bekannt (vgl. z. B. [45, 46]).

Der Ausdruck (39) ist von allgemeiner Gültigkeit. Er gilt, vorausgesetzt die Symmetrieforderungen (35a, b, c) sind erfüllt, unabhängig von den geometrischen Objekten, die zur Beschreibung der Teilchen benutzt werden, und unabhängig von der speziellen Form der Lagrange-Gleichungen. Es sei noch darauf hingewiesen, daß die äußeren Felder $E^{(A)}$ nicht explizit in der Erhaltungsgröße vorkommen. Dies hat z. B. zur Folge, daß die Größe $P_m\xi^m$ nicht nur erstes Integral der Geodätengleichung ist, wenn $\mathcal{L}_\xi g_{mn} = 0$, also ξ^m ein Killing-Vektorfeld ist ($E^{(A)} = g_{mn}$), sondern auch erstes Integral der Bewegungsgleichung eines Pol-Teilchens in einem beliebigen Tensorfeld $T^{i_1 i_2 \ldots i_n}_{j_1 j_2 \ldots j_m}$ ($E^{(A)} = g_{mn}, T^{i_1 i_2 \ldots i_n}_{j_1 j_2 \ldots j_m}$), vorausgesetzt es gilt $\mathcal{L}_\xi T^{i_1 i_2 \ldots i_n}_{j_1 j_2 \ldots j_m} = 0$.

6.5. Anwendungen

Die Bewegungsgleichungen sind sehr allgemein, da die Lagrange-Funktion und die Variablen nicht festgelegt sind. Sie bilden gewissermaßen den Rahmen, in den sich eine große Klasse von Teilchenmodellen einfügt. Beschränkt man sich nur auf tensorielle Variablen und nimmt an, daß die Raum-Zeit eine Riemannsche Mannigfaltigkeit ist und die absolute Ableitung — die Ankopplung des Teilchens an das Gravitationsfeld — mit der Christoffel-Affinität gebildet wird, ergeben sich die Mathisson-Papapetrou-Gleichungen (3a). Die Gleichungen für die Strukturgrößen $S_s{}^r$ führen auf den zweiten Satz (3b) der Bewegungsgleichung für das Pol-Dipol-Teilchen. Es wurde schon erwähnt, daß die Mathisson-Papapetrou-Gleichungen allein den Bewegungsvorgang noch nicht bestimmen. Vom Standpunkt des Lagrange-Formalismus ist dies ohne weiteres verständlich, denn die eigentliche Bewegungsgleichung ist durch (19) gegeben. Der zweite Satz der Mathisson-Papapetrou-Gleichungen ist eine Folge von (27) und bezieht sich auf eine den Körper als Ganzes charakterisierende Größe. Die Mathisson-Papapetrou-Gleichungen sind mit jeder Lagrange-Funktion verträglich. Durch deren geschickte Wahl kann man aber erreichen, daß z. B. die Zusatzbedingung (4b) automatisch erfüllt ist (vgl. z. B. [29]). Läßt man die Lagrange-Funktion auch vom Krümmungstensor und seinen kovarianten Ableitungen abhängen, so wird man zwangsläufig zu den Bewegungsgleichungen für Multipol-Teilchen geführt [17]. Die Terme der Bewegungsgleichungen, die von den äußeren Feldern $E^{(A)}$ (in diesem Falle $E^{(A)} = g_{mn}$, R^i_{kmn}, $R^i_{kmn;l}$) stammen, ergeben die Zusatzglieder in den Mathisson-Papapetrou-Gleichungen, die dem oben erwähnten Kraft- bzw. Momententerm von Dixon [12] entsprechen.

Hängt für den Fall der Bewegung in einem Eichfeld die Lagrange-Funktion vom Feldstärketensor und dessen eichkovarianten Ableitungen ab, so ergeben sich analog zur Bewegung im Gravitationsfeld in den Bewegungsgleichungen Terme, die höheren Momenten der Quellen des Eichfeldes (bzw. Dipol- und höheren Singularitäten) entsprechen. Wir möchten als Beispiel die Gleichungen anführen, die sich aus dem Lagrange-Prinzip für die Bewegung eines eichgeladenen Spinteilchens ergeben, auf das ein Gravitationsfeld, ein Eichfeld und ein Higgs-Feld einwirken.

Das Teilchen sei durch Raum-Zeit-Variablen (am einfachsten Vektoren) und durch Eichgrößen (Elemente eines Darstellungsraumes der Eichgruppe) beschrieben. Als äußere Felder betrachten wir die Christoffel-Affinität zur Metrik g_{ik} der Raum-Zeit, ein Eichpotential $A_m{}^\alpha$ und außerdem (als $E^{(A)}$) die Metrik selbst, die zu $A_m{}^\alpha$ gehörende Eichfeldstärke F^α_{mn} und ein Standard-Higgs-Feld Φ (ein Skalarfeld, das sich nach der adjungierten Darstellung der Gruppe transformiert) und dessen eichkovariante Ableitung $\Phi^\alpha_{\|m}$ ($E^{(A)} = g_{mn}, F^\alpha_{mn}, \Phi,^\alpha \Phi^\alpha_{\|m}$). Gleichung (21) nimmt die Form

$$\frac{\mathrm{D}}{\mathrm{d}\tau} P_m = \frac{1}{2} \Sigma^{ik} R_{ikmn} \dot{x}^n + S_\alpha F^\alpha_{mn} \dot{x}^n + I_\alpha{}^{ik} F^\alpha_{ik\|m} + \varphi_\alpha \Phi^\alpha_{\|m} + \varphi_\alpha{}^i \Phi^\alpha_{\|ijm} \tag{41}$$

an mit

$$I_\alpha{}^{ik} := \frac{\partial L}{\partial F^\alpha_{ik}}, \quad \varphi_\alpha := \frac{\partial L}{\partial \Phi^\alpha}, \quad \varphi_\alpha{}^i := \frac{\partial L}{\partial \Phi^\alpha_{\|i}}, \quad \Sigma_{mn} = S_{mn} - S_{nm}. \tag{42}$$

Für die Strukturgröße S_α (Eichladung) und den Spintensor erhalten wir aus (27), (28) die Gleichungen

$$\dot{S}_\alpha + C^\beta_{\alpha\gamma} A_m{}^\tau S_\beta \dot{x}^m = -I_\gamma{}^{ik} F^\beta_{ik\|m} C^\gamma_{\beta\alpha} - \varphi_\gamma \Phi^\beta C^\gamma_{\beta\alpha} - \varphi_\gamma{}^i \Phi^\beta_{\|i} C^\gamma_{\beta\alpha}, \tag{43}$$

$$\frac{\mathrm{D}}{\mathrm{d}\tau} \Sigma_{m_n} = P_m \dot{x}^n - P_n \dot{x}_m - 2I_\alpha{}^{ed} F^\alpha_{md} g_{en} + 2I_\alpha{}^{ed} F^\alpha_{nd} g_{em} - \varphi_\alpha{}^{ed} \Phi^\beta_{\|m} g_{en} + \varphi_\alpha{}^e \Phi^\alpha_{\|n} g_{em}. \tag{44}$$

Nehmen wir an, daß die zugrunde gelegte Gruppe die SU (2) und die Raum-Zeit eben ist, so ergeben sich die Gleichungen von Drechsler, Havas und Rosenblum [26] für ein eichgeladenes Spinteilchen in einem Yang-Mills-Higgs-Feld. Sie wurden nach der Methode von Mathisson und für verschwindendes Higgs-Feld von Ragusa [25] nach der Methode von Papapetrou abgeleitet. Für die SU (2) sind die Strukturkonstanten durch das Levi-Civita-Symbol $\varepsilon_{\alpha\beta\gamma}$ gegeben, so daß die obigen Gleichungen in der üblichen Vektorschreibweise in Übereinstimmung mit [26] die Gestalt annehmen:

$$\dot{P}_m = \mathbf{S} \cdot \boldsymbol{F}_{mn} + \boldsymbol{I}^{ik} \cdot \boldsymbol{F}_{ik\|m} + \boldsymbol{\varphi} \boldsymbol{\Phi}_{\|m} + \boldsymbol{\varphi}^i \boldsymbol{\Phi}_{\|i\|m}, \tag{45}$$

$$\dot{\mathbf{S}} + \boldsymbol{A}_m \times \mathbf{S} \dot{x}^m = \boldsymbol{F}_{ik} \times \boldsymbol{I}^{ik} + \boldsymbol{\Phi} \times \boldsymbol{\varphi} + \boldsymbol{\Phi}_{\|i} \times \boldsymbol{\varphi}^i, \tag{46}$$

$$\dot{\Sigma}_{mn} = P_m \dot{x}_n - P_n \dot{x}_m - 2\boldsymbol{I}_n{}^l \cdot \boldsymbol{F}_{ml} + 2\boldsymbol{I}_m{}^l \cdot \boldsymbol{F}_{nl} - \boldsymbol{\varphi}_n \cdot \boldsymbol{\Phi}_{\|m} + \boldsymbol{\varphi}_m \cdot \boldsymbol{\Phi}_{\|n}. \tag{47}$$

Bei der Ableitung dieser Gleichungen haben wir weder auf die Feldgleichungen noch auf die dynamischen Gleichungen Bezug genommen. Allein die Annahme, daß die Bewegungsgleichungen aus einem Hamilton-Prinzip ableitbar sind, führt über die minimale Kopplung und die Invarianzforderungen zu der Struktur der Gleichungen, die in den speziellen Fällen mit den Gleichungen übereinstimmen, die aus den Feldgleichungen bzw. den dynamischen Gleichungen gewonnen wurden. Inwieweit bei detaillierten Annahmen über die Materieverteilung die daraus folgenden zusätzlichen Bedingungen für die Bewegung der Teilchen auch bei einer geeigneten Wahl der Lagrange-Funktion aus den Euler-Lagrange-Gleichungen folgen, muß in jedem Falle gesondert untersucht werden.

Literatur

[1] EINSTEIN, A.; GROMMER, J.: Sitz.-Ber. Berl. Akad. Wiss. (1927) 235.
[2] MATHISSON, M.: Acta Phys. Polon. **6** (1937) 163.
[3] PAPAPETROU, A.: Proc. Roy. Soc. London **A 209** (1951) 248.
[4] FRENKEL, J.: Zeitschr. Phys. **37** (1926) 243.
[5] TULCZYJEW, W.: Acta Phys. Polon. **18** (1959) 393.
[6] DIXON, W. G.: Nuovo Cimento **34** (1964) 317.
[7] BEIGLBÖCK, W.: Comm. Math. Phys. **5** (1967) 106.
[8] EHLERS, J.; RUDOLPH, E.: Gen. Rel. Grav. **8** (1977) 197.
[9] TAUB, A. H.: J. Math. Phys. **5** (1964) 112.
[10] MADORE, J.: Ann. Inst. Henri Poincaré **11** (1969) 221.
[11] EHLERS, J. (Hrsg.): Isolated Gravitating Systems in General Relativity. Proc. Inst. School of Physics "Enrico Fermi", LXVII. Amsterdam, New York, Oxford: North-Holland Publish. Compl. 1979.
[12] DIXON, W. G.: In [11].
[13] HAVAS, P.: In [11].

[14] Havas, P.; Goldberg, J. N.: Phys. Rev. **128** (1962) 398.
[15] Bartrum, P. C.: Proc. Roy. Soc. London **A284** (1965) 204.
[16] Fuchs, H.: Exp. Techn. Phys. **22** (1974) 185.
[17] Bailey, I.; Israel, W.: Comm. Math. Phys. **42** (1975) 65.
[18] Halbwachs, F.; Vigier, J.-P.: C. R. Acad. Sci. Paris **248** (1959) 490.
[19] Wong, S. K.: Nuovo Cimento **A65** (1970) 689.
[20] Kerner, R.: Ann. Inst. Henri Poincaré **9** (1968) 143.
[21] Kopczyński, W.: In: Differential Geometrical Methods in Mathematical Physics. Lect. Notes in Math. **836**. Berlin, Heidelberg, New York: Springer-Verlag 1980.
[22] Balachandran, A. P.; Borchardt, S.; Stern, A.: Phys. Rev. **D17** (1978) 3247.
[23] Burducci, A.; Casalbuoni, R.; Lusanna, L.: Nucl. Phys. **B124** (1977) 93.
[24] Fuchs, H.: Ann. Phys. (Lpz.) **38** (1981) 192.
[25] Ragusa, S.: Phys. Rev. **D26** (1982) 1979.
[26] Drechsler, W.; Havas, P.; Rosenblum, A.: Phys. Rev. **D29** (1984) 658.
[27] Arodz, H.: Acta Phys. Pol. **B13** (1982) 519.
[28] Heinz, U.: Phys. Lett. **144B** (1984) 228.
[29] Cognola, G.; Soldati, R.; Vanzo, L.; Zerbini, S.: Nuovo Cimento **B76** (1983) 109.
[30] McKellar, R. J.: J. Math. Phys. **22** (1981) 862.
[31] Schouten, J. A.: Ricci-Calculus. Berlin, Göttingen, Heidelberg: Springer-Verlag 1954.
[32] Pontrjagin, L. S.: Topologische Gruppen, Teil 2. Leipzig: B. G. Teubner 1958.
[33] Treder, H.-J.: Intern. J. Theor. Phys. **3** (1970) 23.
[34] Treder, H.-J. (Hrsg.): Gravitationstheorie und Äquivalenzprinzip. Berlin: Akademie-Verlag 1971.
[35] Yang, C. N.: Phys. Rev. Lett. **33** (1974) 445.
[36] Rund, H.: Found. Phys. **13** (1983) 93.
[37] Noether, E.: Nachr. Ges. Wiss. Göttingen, Math. Phys. Kl. 1918, 235.
[38] Yano, K.: The theory of Lie derivatives and its application. Amsterdam: North-Holland Publish. Comp. und Groningen: P. Nordhoff 1955.
[39] Bergmann, P. G.; Flaherty, E. J.: J. Math. Phys. **19** (1978) 212.
[40] Trautman, A.: Bull. Acad. Polon. Sci. Ser. Phys. Astron. **27** (1979) 7.
[41] Jakiw, R.; Manton, N. S.: Ann. Phys. (N. Y.) **127** (1980) 257.
[42] Fuchs, H.: Ann. Phys. (Lpz.) **34** (1977) 159.
[43] Treder, H.-J.: Mathem. Nachrichten **33** (1967) 121.
[44] Hojman, S.: Phys. Rev. **D18** (1978) 2741.
[45] Duval, Chr.; Horvathy, P.: Ann. Phys. (N. Y.) **142** (1982) 10.

7. Relativistische Feldtheorie und metrische Raumstruktur

Von Dierck-Ekkehard Liebscher

7.1. Das Problem der nicht-metrischen Feldtheorie

Die metrische Struktur von Raum und Zeit ist eine der Grundlagen der Physik überhaupt. Messungen von Zeitintervallen, Längen und Winkeln stehen historisch am Anfang und methodisch — trivialerweise — am Ende physikalischer Messungen. Die metrische Struktur manifestiert sich in den Bilanzgleichungen für Masse und Impuls auf der Ebene der Newtonschen Axiome und ist von hier aus auch operativ erschließbar. Die aus der Geschwindigkeitsabhängigkeit der Masse folgende Realität aller Felder, die Energie- und Impulsaustausch vermitteln, und auch das Teilchenkonzept der Quantenfeldtheorie legen es nun nahe, die Begründung der Raum-Zeit-Struktur aus den Erfordernissen der Feldtheorie selbst herzuleiten. Dabei wollen wir zeigen, daß es möglich und notwendig ist, feldtheoretische Alternativen zum metrischen Raum zu konstruieren.

Diese Aufgabe wird durch die Singularitätstheoreme der Allgemeinen Relativitätstheorie gestellt. Schließlich ist die Aussage dieser Theoreme, daß unter der Bedingung der lokalen Existenz einer pseudoeuklischen Metrik bei Erfüllung der Einsteinschen Gleichungen mit stabiler Materie der lokal definierte Kausalzusammenhang nicht singularitätsfrei zu einer globalen Lorentz-Minkowskischen Kausalstruktur zusammengesetzt werden kann. Die Konstruktion von Alternativen zur lokalen Kausalität, d. h. zur lokalen metrischen Struktur a priori ist nötig, um die Allgemeine Relativitätstheorie in dieser Frage testen zu können.

Die Feldtheorie bezieht sich auf Raum und Zeit über die Feldgleichungen. Dies sind Gleichungen zwischen partiellen Ableitungen. Das heißt, die Feldgleichung postuliert die Meßbarkeit der partiellen Ableitungen der Feldgrößen in verschiedenen Richtungen aneinander und konstruiert damit metrische Eigenschaften der Raum-Zeit. Der einfachste Fall ist die skalare Feldgleichung zweiter Ordnung. Sie definiert unausweichlich eine Metrik über die Koeffizienten der zweiten Ableitungen. Die Größe a^{kl} in der Feldgleichung

$$a^{kl} \frac{\partial^2 \Phi}{\partial x^k \partial x^l} = f(\Phi, \partial\Phi) \tag{1}$$

ist durch Konstruktion ein symmetrischer kontravarianter Tensor zweiter Stufe, dessen Inverses ein metrischer Tensor mit zunächst offener Signatur ist. Er ist allerdings über die Strahloptik des Feldes Φ mit dem metrischen Tensor der Mechanik, der bis auf den Konformfaktor Ruhmasse durch

$$p_k = m_0 g_{kl} u^l \tag{2}$$

definiert ist, zu vergleichen. Allein aus der Notwendigkeit der Konstruktion einer Differentialgleichung folgt die Existenz von Koeffizientenschemata, die effektiv eine Metrisierung der Raum-Zeit vorbereiten. Diese Schemata können aus der Sicht der Konstruktion auch kompliziertere Objekte als Tensoren zweiter Ordnung sein. Die Gleichung des elektromagnetischen Feldes

$$C^{iklm}F_{lm,k} = j^i \tag{3}$$

enthält eine solche Größe, die allerdings wieder auf eine Metrik reduziert ist:

$$C^{iklm} = g^{il}g^{km}. \tag{4}$$

Das entsprechende Koeffizientenschema in den Einsteinschen Gleichungen

$$C^{iklmrs}g_{lm,rs} = t^{ik}(g, \partial g) \tag{5}$$

zerfällt in

$$C^{iklmrs} = g^{il}g^{km}g^{rs} + g^{ir}g^{ks}g^{lm} - g^{il}g^{kr}g^{ms} - g^{im}g^{ks}g^{lr}. \tag{6}$$

Das Relativitätsprinzip verlangt sowohl die Reduzierbarkeit aller Koeffizientenschemata auf eine Metrik als auch die Identität aller durch die verschiedenen Feldgleichungen und die Mechanik definierten metrischen Tensoren. Wäre dies nicht der Fall, dann könnte man durch Überschiebung und Eigenvektorbestimmung Vektoren konstruieren, die einen absoluten Bewegungszustand indizieren.

Die mögliche Ortsabhängigkeit der g_{ik} spielt für diese algebraische Konstruktion keine Rolle. Jedoch modelliert diese zumindest einen Teil des Gravitationsfeldes. Dieser Teil bewirkt die Ablenkung der Charakteristiken der Wellengleichung im Schwerefeld, d. h. im Falle des elektromagnetischen Feldes die Lichtablenkung. Im allgemeinen ist es eine zweite Frage, inwieweit diese Charakteristiken die Bewegung konkreter Teilchen oder Signale beschreiben. Die Allgemeine Relativitätstheorie geht davon aus, daß die Ortsabhängigkeit der Metrik bereits die gesamte Gravitationswirkung beschreibt und daß auch die für die Propagation der Metrik g_{ik} (im folgenden Äquivalenzmetrik genannt) verantwortliche Metrik a_{ik} (auch Hintergrundmetrik genannt) mit g_{ik} identisch ist.

7.2. Nicht-metrische Feldtheorie und Allgemeine Relativitätstheorie

Die skizzierte Minimalstruktur wird nun von allen Alternativen zur Einsteinschen Theorie verallgemeinert. In der ersten Gruppe von Alternativen bleibt die Identität der Metriken gewahrt, in der Feldgleichung für diese Metrik werden aber höhere Ordnungen zugelassen. Die primäre Struktur, das Koeffizientenschema der höchsten Ableitungen, erscheint akzidentell als abgeleitet aus einem üblichen metrischen Tensor. In der zweiten Gruppe werden zu der einen Metrik andere Tensorfelder zur vollständigen Beschreibung des Gravitationsfeldes herangezogen. Diese Tensorfelder sind in den aktuell diskutierten Versionen als nicht-geodätische Korrekturen zum affinen Zusammenhang charakterisiert, wie sie in allen Eichtheorien auftreten. In der dritten Gruppe schließlich wird die Metrik a_{ik} entsprechend ihrer heuristischen Stellung aus der Identität mit der Äquivalenzmetrik herausgelöst (bimetrische Theorien). Die Metrik g_{ik} wird dabei als Wirkung des Gravitationsfeldes auf die nicht-gravischen Felder angesehen und unter Umständen auch aus anderen geometrischen Größen konstruiert (Vierbeine), die ihrerseits einfacheren Feldgleichungen genügen. Eine Besonderheit ist die affine Theorie [1], in der die Äquivalenzmetrik aus dem Krümmungstensor eines primären affinen Zusammenhangs konstruiert wird, dessen Feldgleichung keine Metrik enthält.

Alle drei Gruppen von Alternativen wie auch das Gesamtkonzept sind Gegenstand interessanter und tiefgehender Diskussionen des Jubilars gewesen [2—8], an die wir hier anschließen wollen. Zunächst stellen wir fest, daß alle Alternativen zur Konstruktion eines metrischen Tensors gelangen. Dies ist Ausdruck des schwachen Äquivalenzprinzips und — wenn man darauf verzichten will — der Erwartung an eine lokale speziell-relativistische Kausalität, wie sie eben in der Wellengleichung und ihren Derivaten zum Ausdruck kommt. Auf diese metrische Struktur wird selbst dann nicht verzichtet, wenn etwa in bimetrischen Theorien zugelassen wird, daß das Gravitationsfeld die Lorentz-Invarianz bricht. Schließlich halten wir in diesen Alternativen an der Lorentz-Struktur des Tangentialraumes fest, und dies garantiert die Konstruierbarkeit der Darstellungsräume der Lorentz-Gruppe. Dementsprechend gibt es auch keine direkten Tests gegen nicht-metrische Theorien. Auch die von Lee und Lightman [9] vorgeschlagene Konstruktion ist in diesem Sinne kein solcher Test. Die Alternative ist hier das Auseinanderfallen der mechanischen und der elektromagnetischen Metrik, keineswegs die Nichtexistenz metrischer Beziehungen.

Sind über die Äquivalenzmetrik hinaus noch andere nichtskalare Größen für die Charakterisierung des Gravitationsfeldes vonnöten, dann bricht das Gravitationsfeld die lokale Lorentz-Invarianz in dem Sinne, daß Vektoren konstruierbar werden, an denen sich lokal absolute Bezugssysteme orientieren können. Die physikalische Bedeutung dieser Bezugssysteme ist aber nicht ohne weiteres außerhalb der gravitativen Selbstwechselwirkung beobachtbar. Bleibt das schwache Äquivalenzprinzip gültig, dann geht in die Wechselwirkung nicht-gravischer Felder mit dem Gravitationsfeld und untereinander eben nur die Äquivalenzmetrik ein, die allein keinen Vektor auszeichnet. Immerhin bedeutet die Existenz weiterer Metriken, daß Stoßwellen des Gravitationsfeldes unter Umständen schneller als das Licht sind. Die Brechung der Lorentz-Invarianz geschieht jedoch gerade so, daß solche Überlichtgeschwindigkeit nicht zu den bekannten Tachyonenparadoxa führt [10, 11].

7.3. Nicht-metrische Feldtheorie und Mach-Einstein-Doktrin

Ist eine Feldtheorie ohne primäre Metrik möglich? Diese Frage stellt die lokale Kausalität auf klassischer Ebene zur Diskussion. Ohne die Konstruktion eines metrischen Tensors gibt es keine Unterscheidung zwischen Raum- und Zeitkoordinaten, und auf den Weltlinien ist keine Bogenlänge definiert. Die Wechselwirkungen zwischen den Teilchen können nur als Wechselwirkungen zwischen den Weltlinien selbst als Grundelementen verstanden werden, da es keinen Lichtkegel gibt, der eine Zuordnung zwischen einzelnen Ereignissen verschiedener Weltlinien vermitteln könnte. Es geht also nicht darum, einfach eine Metrik als Funktion der Materieverteilung zu bestimmen, wie dies ohnehin in allen Gravitationstheorien getan wird. Die Metrizität darf nicht vorausgesetzt werden und nicht in den primären Wirkungsintegralen auftreten. Die physikalisch beobachtete Metrizität muß als dynamischer Effekt, als induziert angesehen werden.

Die Induktion der Metrizität des Raumes ist das relativistische Gegenstück zur klassischen Induktion der Trägheit [12 bis 16]. Schließlich ist die Trägheitsbewegung definiert, sobald eine Metrik existiert. Soll die Trägheit selbst und nicht nur ihre lokale Realisierung ein dynamischer Effekt sein, wie dies in den Relativmechaniken für den Fall absoluter Gleichzeitigkeit durchgeführt wird, dann muß die Konstruktion der Metrik und nicht nur ihr Wert aus der Dynamik folgen [16, 17].

Im Sinne unserer Frage ist die affine Theorie von Schrödinger keine positive Antwort. Wenn auch die Gleichung für das Gravitationsfeld formal ohne Metrik auskommt, so muß doch die Konstruktion der Äquivalenzmetrik von vornherein bestimmt und ohne Rücksicht auf die aktuelle Lösung formal in den Bewegungsgleichungen der nicht-gravischen Felder und der Mechanik verwendet werden. Unsere Frage bedarf einer Antwort im Sinne der Mach-Einstein-Doktrin. Die Konstruktion der Metrik muß sich aus der Symmetrie des aktuellen Zustands des Kosmos ergeben, so wie in den Relativmechaniken die Galilei-Invarianz in lokaler Näherung durch die Isotropie des Universums gestattet wird. Hier beobachten wir wieder die konzeptionelle Trennung zwischen der Theorie des Gravitationsfeldes, die durch das schwache Äquivalenzprinzip nicht eingeschränkt wird, und der Theorie nicht-gravischer Felder, für die in genügend guter Näherung Wellengleichungen oder deren Derivate entstehen müssen. Die Kopplung des Gravitationsfeldes an die übrigen Felder muß für genügend kleine Teilsysteme des Universums über eine Größe geschehen, die effektiv die Funktion einer Metrik hat. Für die Teilsysteme muß sich die a priori kompliziertere gravische Wechselwirkung auf die durch das schwache Äquivalenzprinzip angezeigte Form reduzieren. Eine a priori nicht-metrische Theorie kann nur auf diesem Wege lokal die gewohnten Verhältnisse reproduzieren. Wie wir aus der Diskussion der trägheitsfreien Mechaniken wissen, geschieht dies exakt bestenfalls in einem idealen Kosmos. Die realen Inhomogenitäten der Materieverteilung bewirken Störungen. Die Beobachtung solcher Störungen allein kann über das Modell entscheiden. Dies ist in einem anderen Beitrag dieses Bandes ausgeführt.[1])

Die merkwürdigste Eigentümlichkeit nicht-metrischer Theorien ist die, daß es in ihnen a priori keine Zeit gibt. In einem affinen Raum etwa sind alle Richtungen formal gleichwertig. Die dynamische Auszeichnung einer Zeitrichtung respektive eines Lichtkegels oder des abweichenden Vorzeichens im Trägheitsindex einer Metrik muß das Ergebnis der Integration über die Umgebung der Teilsysteme sein. Die Auszeichnung der Zeitkoordinaten oder des Kegels der Nullrichtungen muß den Zustand des Universums reflektieren. Jener muß die entsprechenden Konstruktionselemente enthalten. Alle Modelle expandierender und im Großen homogener Kosmen haben diese Eigenschaft [18]. Prinzipien für eine nicht-metrische Theorie zur Aufstellung eines Wirkungsintegrals sind noch nicht bekannt. Wir können im folgenden nur noch einige Besonderheiten dieser Aufgabe erörtern.

Die erste Beobachtung ist, daß eine im konstruktiven Sinne nicht-metrische Theorie nicht lokal sein kann. Akzeptieren wir eine beliebige lokale Wirkung

$$S = \int \mathrm{d}^4x \mathscr{L}(\Phi_A, \partial\Phi_A), \tag{7}$$

so ergeben sich Euler-Lagrangesche Gleichungen, die es gestatten, ohne Rücksicht auf ihre konkreten Lösungen die Koeffizientenschemata der höchsten Ableitungen sofort anzugeben. Dies ist aber vom Ansatz her nichts anderes, als etwa in den Vierbein-Theo-

[1]) Vgl. in diesem Band: U. Bleyer: Kausalstruktur und gestörte Lorentz-Invarianz.

rien und den bimetrischen Theorien versucht wird. Es muß lediglich Sorge getragen werden, daß die entstehenden Metriken etwa die pseudoeuklidische Signatur besitzen. Ein typischer Fall für dieses Vorgehen ist die Prägeometrie von Terazawa [19]. Hier wird im einfachsten Fall eine Wirkung

$$S = \int d^4x \sqrt{\det \Phi^A_{,i} \Phi^B_{,k} \eta_{AB}} \tag{8}$$

gewählt, die zu einer effektiven Metrik

$$g_{ik} = \eta_{AB} \Phi^A_{,i} \Phi^B_{,k} \tag{9}$$

führt. Dies ist eine lokale Konstruktion, und die Signatur der Metrik (9) wird durch die ad hoc gewählte Signatur der Felder Φ^A gesichert. Damit ist Gleichung (9) nichts weiter als eine dimensionsreduzierende Koordinatentransformation aus einem N-dimensionalen metrischen Raum in den vierdimensionalen, d. h. eine Einbettung. Allgemein zeigt sich, daß bei lokalen Konstruktionen die Signatur der effektiven Metrik ad hoc gesichert werden muß. Überließe man in einem Modell die Signatur der aktuellen Lösung der Feldgleichungen, könnte sich die Konstanz der Signatur über große Raum-Zeit-Bereiche nicht allgemein einstellen. Dies gilt auch für die Interpretation des Machschen Prinzips in der Allgemeinen Relativitätstheorie nach Wheeler [20]. Die Signatur des vierdimensionalen Raums, der klassisch durch Verbindung der dreidimensionalen Schnitte entsteht, ist durch die Wahl des Vorzeichens des Krümmungsterms in den Gleichungen für die innere Geometrie, Lapse und Shift vorbestimmt und nicht mehr Ergebnis der Dynamik.

Die zweite Beobachtung ist, daß eine im Tangentialraum Lorentz-invariante Wirkung immer auf effektive Metriken führt, ohne auf die Ergebnisse der Dynamik zurückgreifen zu müssen. Nicht-metrische Theorien können also nur auf Wirkungen gegründet werden, deren Invarianzgruppe im Tangentialraum umfassender ist als die Lorentz-Gruppe. Nicht-metrische Theorien müssen eine klassische Symmetriebrechung realisieren [16]. Die auf das Gesamtsystem, den Kosmos, bezogene primäre Wirkung ist in diesem Bild invariant gegen eine sog. teleskopische Gruppe, die für ein kleines Teilsystem nach Integration über die Umgebung gebrochen ist. Diese Brechung ist im allgemeinen vollständig, wenn die Umgebung keine Symmetrie hat, andernfalls reflektiert die verbleibende Invarianz des Untersystems diese Symmetrie. All dies ist vorgebildet in der trägheitsfreien Mechanik. Eine nicht-metrische Theorie muß die Lorentz-Invarianz für Teilsysteme zulassen, wenn sie zutreffen soll. Folglich muß die Lorentz-Gruppe Untergruppe der unterstellten teleskopischen Gruppe sein, die ihrerseits immer als Invarianz im Tangentialraum aufzufassen ist. In der Basismannigfaltigkeit wollen wir für die Teilsysteme wie für das Gesamtsystem an der allgemeinen Kovarianz als Ausdruck freier Substituierbarkeit der Koordinaten festhalten, die in der Allgemeinen Relativitätstheorie erreicht ist und unsere Fragestellung nicht unmittelbar berührt. Es ist hier zu beachten, daß die Lorentz-Gruppe der Speziellen Relativitätstheorie drei verschiedene Funktionen hat, die in der Allgemeinen Relativitätstheorie auseinanderfallen [4]. Verantwortlich für die Metrisierbarkeit der Basismannigfaltigkeit ist die Lorentz-Gruppe des Tangentialraums. Die implizierte Metrik im Tangentialraum sichert den richtigen Trägheitsindex in der Basismannigfaltigkeit. Ein anschauliches Beispiel für eine teleskopische Gruppe, die die Lorentz-Gruppe enthält, aber die Lorentz-Metrik nicht definiert, ist die lineare unimodulare Gruppe. Ihre Invarianten sind Determinanten,

Beispiele sind

$$\int \mathrm{d}^4x \Phi^A_{,\mu} \Phi^B_{,\nu} \Phi^C_{,\varrho} \Phi^D_{,\sigma} \varepsilon^{\mu\nu\varrho\sigma} \varepsilon_{ABCD} \tag{10}$$

für vier skalare Funktionen Φ^A oder auch

$$\int \mathrm{d}^4x R^{\mu}_{\nu\varrho\sigma} R^{\nu}_{\mu\varkappa\lambda} \varepsilon^{\varkappa\lambda\varrho\sigma} \tag{11}$$

für den Krümmungstensor eines affinen Zusammenhangs. Nichtlokale Terme enthalten mehrere Integrationen und die Mischung von Funktionen an mehreren Punkten, etwa

$$\iint \mathrm{d}^4x_1 \, \mathrm{d}^4x_2 \, f_{,\mu_1\mu_2} f_{,\nu_1\nu_2} f_{,\varrho_1\varrho_2} f_{,\sigma_1\sigma_2} \varepsilon^{\mu_1\nu_1\varrho_1\sigma_1} \varepsilon^{\mu_2\nu_2\varrho_2\sigma_2} \tag{12}$$

für die Zweipunktfunktion $f(\underset{1}{x^\mu}, \underset{2}{x^\mu})$, Dieser Term allein führt allerdings auf eine unbrauchbare, weil lokale, Feldgleichung

$$\det f_{,\underset{1}{\mu}\underset{2}{\mu}} = 0 . \tag{13}$$

Als lokale Feldgleichung behält (13) die Affininvarianz und führt nicht auf die notwendige Symmetriebrechung.

Zum Schluß stellen wir fest, daß die scheinbare Vielfalt der Möglichkeiten, ein Wirkungsintegral aufzuschreiben, durch zwei beobachtungsseitige Forderungen stark eingeschränkt sein wird, auch wenn diese schwer in explizite Form zu bringen sind. Erstens müssen auch für homogene Universen die Integrale wenigstens wie in den hierarchischen Modellen existieren, dürfen also nicht zu stark divergieren. Endlich beobachten wir nicht nur Lorentz-Invarianz in den Tangentialräumen, sondern auch Translationsinvarianz. Dies läßt sich in den Relativmechaniken durch die Einschränkung der in der Wirkung verwendeten Potentiale realisieren. Nur wenige Potentiale führen neben dem Newtonschen Potential auf konstante Werte innerhalb einer homogenen Kugelschale [21]. Diese Situation sollte auch in unserem Fall anzutreffen sein.

Literatur

[1] Schrödinger, E.: Space-Time Structure. Cambridge: Cambridge Univ. Press 1950.

[2] Treder, H.-J.: Ann. Phys. (Lpz.) **19** (1957) 369.

[3] Treder, H.-J.: Ann. Phys. (Lpz.) **20** (1967) 194—206.

[4] Treder, H.-J. (Hrsg.): Gravitationstheorie und Äquivalenzprinzip. Berlin: Akademie-Verlag 1971.

[5] Kasper, U.; Liebscher, D.-E.; Treder, H.-J.: Ann. Phys. (Lpz.) **30** (1973) 145.

[6] Liebscher, D.-E.; Treder, H.-J.: Gen. Rel. Grav. **1** (1970) 117.

[7] Borzeszkowski, H.-H.; Treder, H.-J.; Yourgrau, W.: Ann. Phys. (Lpz.) **35** (1978) 471.

[8] Treder, H.-J.: Ann. Phys. (Lpz.) **35** (1978) 225.

[9] Lightman, A. P.; Lee, D. L.: Phys. Rev. **D8** (1973) 364.

[10] Liebscher, D.-E.: Ann. Phys. (Lpz.) **32** (1975) 363.

[11] Liebscher, D.-E.: Ann. Phys. (Lpz.) **34** (1977) 295.

[12] Treder, H.-J.: Relativität der Trägheit. Berlin: Akademie-Verlag 1972.

[13] Treder, H.-J.: Die Prinzipien der Mechanik von Mach, Einstein, Hertz und Poincaré. Berlin: Akademie-Verlag 1972.

[14] Barbour, J. B.; Bertotti, B.: Nuovo Cimento **38B** (1977) 1.

[15] Bertotti, B.; Eastophe, P.: Intern J. Theor. Phys. **17** (1979) 309.

[16] LIEBSCHER, D.-E.; YOURGRAU, W.: Ann. Phys. (Lpz.) **36** (1979) 20.
[17] LIEBSCHER, D.-E.: In: MARKOV, M. A.; BEREZIN, V. A.; FROLOV, V. P. (Hrsg.): Proc. III. Sem. Quantum Gravity, Singapore: World Scientific P. C. 1985, pp. 223–235.
[18] LIEBSCHER, D.-E.: Ann. Phys. (Lpz.) **42** (1985).
[19] TERAZAWA, H.; AKAMA, K.: Phys. Lett. **96B** (1980) 276; **97B** (1980) 81.
[20] MISNER, C. W.; THORNE, K. S.; WHEELER, J. A.: Gravitation. San Francisco: Verlag Freeman 1973.
[21] JOHN, R. W.; LIEBSCHER, D.-E.: Gerlands Beitr. Geophysik **82** (1973) 339.

8. Kausalstruktur und gestörte Lorentz-Invarianz

Von Ulrich Bleyer

8.1. Kosmologisch induzierte Kausalstruktur

Die Frage nach dem Einfluß der globalen Struktur des Universums auf die lokalen physikalischen Vorgänge ist auch heute noch eines der grundlegenden und nicht endgültig beantworteten Probleme der Naturwissenschaft. Durch die Geometrisierung aller Wechselwirkungsarten, wie sie nach dem Vorbild der Einsteinschen Gravitationstheorie in den modernen Eichfeldtheorien Gestalt angenommen hat, gewinnt diese Frage ebenso ihre Aktualität wie aus der Notwendigkeit, in der Elementarteilchenphysik Energiebereiche zu untersuchen, wie sie nur in der Frühphase der kosmologischen Entwicklung realisiert sein konnten.

Entsprechend der Poincaréschen „epistemologischen" Summe, wonach Geometrie plus Dynamik den physikalischen Inhalt bestimmen, gibt es grundsätzlich verschiedene Zugänge zur Erfassung der Beziehung zwischen der Physik im „Kleinen" und im „Großen". In den vereinheitlichten Feldtheorien wird die Dynamik auf die Geometrie einer Raum-Zeit-Mannigfaltigkeit mit global vorgegebener Kausalstruktur bezogen. Stellt man dynamische Prinzipien an den Anfang, so werden die geometrische Struktur und damit die Kausalverhältnisse dynamisch induziert. Bei diesem Zugang wird der Zusammenhang zwischen den lokalen Bewegungsabläufen und der Struktur im „Großen" gegeben durch das Mach-Einsteinsche Postulat der Induktion der Trägheitseigenschaften der Materie durch die Gesamtheit der Schwerewirkungen der kosmischen Massen. Damit werden die Grundprinzipien der Einsteinschen Allgemeinen Relativitätstheorie, die allgemeine Relativität der Bewegung und die Äquivalenz von Trägheit und Schwere, auf die Bewegung der fernen kosmischen Massen bezogen.

In konsequenter Realisierung der Mach-Einstein-Doktrin wurde von Treder eine analytische Fassung der Induktion der trägen Massen durch das Gravitationspotential des Kosmos gegeben [1, 2, 3]. Die Mach-Einstein-Doktrin gemäß Treder stellt sich dar als trägheitsfreie Gravodynamik, die auf einer Relativmechanik beruht, deren Grundlage die Synthese der Hertzschen und Einsteinschen Ansätze zu einer Geometrisierung der Dynamik ist, in der die Geometrie der Hertzschen Konfigurationsräume relativistisch modifiziert wird [1]. Durch die Einführung Lorentzscher Lokalzeiten kann Treder auch die Endlichkeit der Ausbreitungsgeschwindigkeit der Gravitationswirkung berücksichtigen. Die Riemannsche Geometrie der vierdimensionalen Raum-Zeit ergibt sich hier in der Näherung eines Teilchens in einem sehr großen und im Mittel ruhenden Kosmos [2]. Die lokale Kausalstruktur wird damit vollständig durch die Gesamtheit der kosmischen Massen induziert.

Eine trägheitsfreie Mechanik muß von einer Lagrange-Funktion ausgehen, die keine trägen Massen enthält. Das bedeutet, daß sie invariant bezüglich einer Transformationsgruppe sein muß, die größer ist als die Galilei-Gruppe. Letztere entsteht aus der teleskopischen Gruppe [4] durch Reduktion auf ein Untersystem, indem über alle Teilchen außerhalb dieses Untersystems integriert wird. Von Liebscher wurden nun Beispiele angeführt [5, 6], wie durch einen solchen Symmetriebrechungsvorgang auch die Lorentz-Gruppe lokal erzeugt werden kann, was die Einbeziehung der Feldtheorie ermöglicht. Die Besonderheit dieses Programms liegt darin, daß die Lorentz-Minkowskische Kausalstruktur induziert wird, ohne daß dieses Konzept a priori in die Theorie eingeführt wird [7]. Das unterscheidet diesen Zugang von anderen Realisierungen einer „Prägeometrie" (s. z. B. [10, 11]), wo die globale Minkowskische Raum-Zeit-Struktur ad hoc festgelegt wird.

Keines der Programme der kosmologischen Induktion der lokalen Kausalstruktur [2, 7, 8, 9] ist derzeit im Sinne einer vollständigen Theorie realisiert. Sie enthalten aber „wohl genügend reiche geometrische Strukturen der Raum-Zeit-Welt, um eine relativistische Physik aufbauen zu können" (Treder im Vorwort zu [2]). Grundlegende Gemeinsamkeit dieser Programme ist aber, daß die Kausalitätsverhältnisse aus den Teilchenbewegungen abgeleitet werden müssen, da eine metrische Struktur erst dynamisch induziert wird. Unabhängig von der Realisierung eines solchen Programms ist zu erwarten, daß die kosmologische Induktion nur eine näherungsweise Lorentz-Minkowskische Kausalstruktur ergeben wird. Ziel der folgenden Untersuchungen ist es daher, mögliche Abweichungen von der Lorentz-Invarianz der lokalen physikalischen Gesetze und ihren experimentellen Konsequenzen zu diskutieren. Diese werden Einschränkungen für die Art und Größe der Störungen der Lorentz-Invarianz ergeben und damit einen Rahmen für die Realisierung des oben beschriebenen Induktionsprogramms liefern. Dazu entwickeln wir zunächst ein theoretisches Modell, mit dessen Hilfe wir die Konsequenzen einer dynamischen Bestimmung der Kausalstruktur beschreiben.

8.2. Modellierung der gestörten Lorentz-Invarianz und Kausalstruktur

Untersuchungen zu Abweichungen von der Lorentz-Invarianz sind zuerst aus der Elementarteilchenphysik bekannt, wo man am ehesten Störungen durch Veränderungen der Raum-Zeit-Struktur im „Kleinen" erwartete. Von Blokhintsev [12] und Rédei [13, 14] wurde die Möglichkeit der Existenz einer ausgezeichneten Richtung angenommen, deren Wirkung unterhalb einer gewissen Elementarlänge spürbar werden sollte. Dieses Modell wurde von Nielsen und Mitarbeitern weiterentwickelt [15, 16] durch den hypothetischen Zusatz eines die Lorentz-Invarianz brechenden Beitrages zur Raum-Zeit-Metrik. Dieser Zusatz soll durch die Masseerzeugung superschwerer Eichbosonen entstehen [16]. Die Metrik hat die Gestalt

$$g^{\mu\nu} = \underset{0}{g}^{\mu\nu} + \chi^{\mu\nu}, \tag{1}$$

wobei $\underset{0}{g}^{\mu\nu}$ die Minkowski-Metrik ist (sgn-2) und $\chi^{\mu\nu}$ folgenden Bedingungen genügt

$$\begin{aligned}
&\text{(i)} \quad \chi^{\mu\nu} \text{ ist reell:} && \chi^{\mu\nu *} = \chi^{\mu\nu},\\
&\text{(ii)} \quad \chi^{\mu\nu} \text{ ist symmetrisch:} && \chi^{\mu\nu} = \chi^{\nu\mu},\\
&\text{(iii)} \quad \chi^{\mu\nu} \text{ ist spurfrei:} && \mathrm{Tr}\,\chi^{\mu\nu} = g^{\mu\nu}\chi_{\mu\nu} = 0.
\end{aligned} \tag{2}$$

Die Bedingung (iii) ergibt sich bei geeigneter Normierung der Wechselwirkungskonstanten, wenn man annimmt, daß die Abweichungen von der Lorentz-Invarianz in einem ausgezeichneten Bezugssystem isotrop sind. Dann ist $\chi^{\mu\nu}$ durch einen einzigen Parameter gegeben:

$$\chi_{00} = \alpha, \qquad \chi_{ii} = \frac{\alpha}{3}, \qquad i = 1, 2, 3. \tag{3}$$

In [16] wird durch die Diskussion der Renormierungsgruppengleichung gezeigt, daß die Lorentz-Invarianz um so besser realisiert ist, je kleiner die Energien werden. Die mit (1) modifizierten Propagatoren führen zu experimentellen Konsequenzen z. B. für Kaonen-Reaktionen [17] oder für Myonen-Atome [19].

Kosmologisch induzierte Störungen der Lorentz-Invarianz von der Form (1) haben Konsequenzen für das Äquivalenzprinzip. So führen die Abweichungen von der Lorentz-Invarianz zu einer Abhängigkeit der Schwerebeschleunigung von der Zusammensetzung der Testkörper [20]. Die Ergebnisse der Eötvös-Experimente geben dann Einschränkungen für diese mögliche Abhängigkeit.

Die hier erwähnten Modelle haben den Nachteil, daß die verallgemeinerte Metrik (1) nicht durch die kosmologisch induzierte Teilchendynamik bestimmt ist. Einen solchen Vorgang kann man nicht durch Feldgleichungen beschreiben, die für die Feldkomponenten zu entkoppelten Wellengleichungen führen, da durch die Koeffizienten dieser Gleichung eine Metrik festgelegt wird.[1])

Am einfachsten ohne Metrik formulierbar sind Bewegungsgleichungen 1. Ordnung. Ein nicht-triviales Beispiel dieser Art ist die Dirac-Gleichung (Konventionen s. z. B. [20], wir verwenden die Standarddarstellung)

$$i\underset{0}{\gamma}\mu\psi_{,\mu} = m\psi. \tag{4}$$

Ihre Lorentz-Invarianz wird gesichert durch die Faktorisierungsbedingung

$$C_A{}^{C\mu\nu} = \frac{1}{2}\left\{\underset{0}{\gamma}_A{}^{\mu B}\underset{0}{\gamma}_B{}^{\nu C} + \underset{0}{\gamma}_A{}^{\nu B}\underset{0}{\gamma}_B{}^{\mu C}\right\} = \delta_A{}^C \underset{0}{g}^{\mu\nu}, \tag{5}$$

wodurch jede Komponente des Spinors ψ für sich der Wellengleichung genügt. Abweichungen von der Lorentz-Invarianz können somit simuliert werden, wenn wir die verallgemeinerten Dirac-Gleichungen

$$\gamma_B{}^{\mu A}\psi^B_{,\mu} = M_B A\psi^B \tag{6}$$

betrachten, deren γ-Matrizen nicht mehr die Bedingung (5) erfüllen. Die einzelnen Feldkomponenten, die durch den „Metaspin"-Index B numeriert sind, werden ohne die Faktorisierung (5) in der höchsten Ordnung des zweifach angewendeten Dirac-Operators (6) vermischt, so daß die Existenz eines universellen, bezüglich des „Metaspins" degenerierten, Kausalkegels verlorengeht.

Die Struktur der Kausalkegel kann über die Charakteristiken der verallgemeinerten Dirac-Gleichung bestimmt werden. Dies ist eine Realisierung des Programms der dynamisch induzierten Kausalstruktur, wenn man sich die verallgemeinerte Bewegungs-

---

[1]) Vgl. in diesem Band: D.-E. Liebscher: Relativistische Feldtheorie und metrische Raumstruktur.

gleichung (6) durch den eingangs beschriebenen Symmetriebrechungsvorgang kosmologisch determiniert denkt.

Die Charakteristiken lassen sich durch die Bewegung von Wellenfronten bestimmen. Für die Stoßwelle

$$\psi^{A+} = \psi^{A-} + \varphi^A(z)\, z\Theta(z) \tag{7}$$

erhält man die Dispersionsbeziehung

$$\gamma_B{}^{\mu A}\varphi^B k_\mu = 0 \tag{8}$$

mit $k_\mu = z_{,\mu}$. Damit nichtverschwindende Lösungen für die Sprungfunktion φ^B existieren können, muß für die Matrix

$$G = \gamma^\mu k_\mu \tag{9}$$

die Determinante verschwinden:

$$\mathrm{Det}\, G = 0\,. \tag{10}$$

In der benutzten Darstellung erhält man eine Gleichung 4. Ordnung in k_μ und damit nicht notwendig eine einzige Fläche 2. Ordnung als Kausalkegel. In der Speziellen Relativitätstheorie erhält man (10) in der Form

$$\left(\underset{0}{g}{}^{\mu\nu}k_\mu k_\nu\right)^2 = 0\,. \tag{11}$$

Die Gleichung 4. Ordnung zerfällt hier in das Quadrat einer Gleichung 2. Ordnung in k_μ, und man erhält nur einen Ausbreitungskegel. Diese Entartung wird im Falle der gestörten Lorentz-Invarianz im allgemeinen aufgehoben. Beispiele dafür wurden in [21] und [22] angegeben.

Da wir nur kleine Störungen der Lorentz-Invarianz zulassen dürfen, kann man für die modifizierten Dirac-Matrizen γ^μ die allgemeine Darstellung

$$\gamma^\mu = \underset{0}{\gamma}{}^\mu + e_A{}^\mu \Gamma^A, \qquad A = 1, \ldots, 16, \tag{12}$$

verwenden, wobei die Γ^A die 16 Elemente der Basis der Dirac-Algebra bedeuten, die $e_\mu{}^A$ sind Störparameter. In der für die $\underset{0}{\gamma}{}^\mu$ verwendeten Standarddarstellung erhält man die Störungen

$$\begin{aligned} e_A{}^\mu \Gamma^A &= \underset{0}{\gamma}{}^\mu + e^\mu I + e_\nu{}^\mu \underset{0}{\gamma}{}^\nu + e^\mu_{\varrho\tau}\sigma^{\varrho\tau} + \underline{e_\nu}{}^\mu \gamma^5 \underset{0}{\gamma}{}^\nu + e_5{}^\mu \gamma^5 \\ &= \begin{pmatrix} \underset{1}{\delta_0}{}^\mu I + \underset{2}{\delta_m}{}^\mu \sigma^m & \underset{2}{\delta_0}{}^\mu I + \underset{1}{\delta_m}{}^\mu \sigma^m \\ \underset{3}{\delta_0}{}^\mu I + \underset{4}{\delta_m}{}^\mu \sigma^m & \underset{4}{\delta_0}{}^\mu I + \underset{3}{\delta_m}{}^\mu \sigma^m \end{pmatrix}. \end{aligned} \tag{13}$$

Hier gilt mit den Bezeichnungen

$$f_m{}^\mu = \varepsilon_{ijm} e^\mu_{ij}, \qquad g_m{}^\mu = i(e^\mu_{0m} - e^\mu_{m0}) \qquad (f_0{}^\mu = g_0{}^\mu = 0) \tag{14}$$

der Zusammenhang

$$\begin{aligned} &\underset{1}{\delta_\nu}{}^\mu = e_\nu{}^\mu + g_\nu{}^\mu + e^\mu \delta_\nu{}^0, \qquad \underset{2}{\delta_\nu}{}^\mu = f_\nu{}^\mu - \underline{e}^\mu_\nu + e_5{}^\mu \delta_\nu{}^0, \\ &\underset{3}{\delta_\nu}{}^\mu = f_\nu{}^\mu + \underline{e}^\mu_\nu + e_5{}^\mu \delta_\nu{}^0, \qquad \underset{4}{\delta_\nu}{}^\mu = -e_\nu{}^\mu + g_\nu{}^\mu + e^\mu \delta_\nu{}^0. \end{aligned} \tag{15}$$

Angesichts der starken experimentellen Einschränkungen für jede Art Abweichung von der Lorentz-Invarianz kann es nicht Ziel der Untersuchung sein, möglichst allgemeine Störungen zu betrachten, sondern eher zu untersuchen, welche Störungen beim Abgehen von der Lorentz-Invarianz der Dirac-Gleichung unvermeidlich sind. Wir suchen daher physikalisch sinnvolle Einschränkungen für die möglichen Störungen. Wir finden eine solche einschränkende Bedingung, wenn wir verlangen, daß die Störungen in einem ausgezeichneten Bezugssystem isotrop sind. Aus der Darstellung der gestörten Energie- und Impulskomponenten

$$\underset{\alpha}{\pi} = \underset{\alpha}{\delta_0{}^0} k_0 - \underset{\alpha}{\delta_0{}^m} k_m, \qquad \underset{\alpha}{q_m} = \underset{\alpha}{\delta_m{}^0} k_0 - \underset{\alpha}{\delta_m{}^n} k_n, \qquad \alpha = 1, \ldots, 4, \tag{16}$$

erhalten wir die Bedingungen für die Isotropie der Störungen:

$$\underset{\alpha}{\pi} = \underset{\alpha}{\delta_0{}^0} k_0, \qquad \underset{\alpha}{\boldsymbol{q}} = \underset{\alpha}{\delta} \boldsymbol{k}, \qquad \underset{\alpha}{\delta_n{}^m} = \underset{\alpha}{\delta} \delta_n{}^m. \tag{17}$$

Wir werden folgende Bezeichnungen benutzen:

$$\underset{\alpha}{\pi} = \underset{\alpha}{a} k_0, \qquad \underset{\alpha}{a} = \underset{\alpha}{\delta_0{}^0}, \qquad \underset{\alpha}{\boldsymbol{q}} = \underset{\alpha}{b} \boldsymbol{k}, \qquad \underset{\alpha}{b} = \underset{\alpha}{\delta}. \tag{18}$$

Dann erhalten wir die modifizierten Dirac-Matrizen in der Form

$$\gamma^0 = \begin{pmatrix} (1 + a_1)\, I & a_2 \quad I \\ a_3 I & (-1 + a_4)\, I \end{pmatrix} \tag{19}$$

und

$$\gamma^m = \begin{pmatrix} b_2 \sigma^m & (1 + b_1)\, \sigma^m \\ (-1 + b_4)\, \sigma^m & b_3 \sigma^m \end{pmatrix}. \tag{20}$$

Man kann nun genau wie in der speziell-relativistischen Dirac-Gleichung die vierreihigen Dirac-Matrizen mit Hilfe der Pauli-Matrizen als Kronecker-Produkt zweireihiger Matrizen darstellen. Gilt in der üblichen Dirac-Theorie

$$\underset{0}{\gamma^0} = \sigma^3 \otimes I, \qquad \underset{0}{\gamma^m} = \sigma^3 \sigma^1 \otimes \sigma^m, \tag{21}$$

so gilt in analoger Weise für die modifizierten Dirac-Matrizen

$$\gamma^0 = A \otimes I \tag{22}$$

mit

$$A = \begin{pmatrix} 1 + a_1 & a_2 \\ a_3 & -1 + a_4 \end{pmatrix} = \sigma^3 + a, \qquad a = \begin{pmatrix} a_1 & a_2 \\ a_3 & a_4 \end{pmatrix}, \tag{23}$$

und

$$\gamma^m = B \otimes \sigma^m \tag{24}$$

mit

$$B = \begin{pmatrix} b_2 & 1 + b \\ -1 + b_4 & b_4 \end{pmatrix} = \sigma^3 \sigma^1 + b, \qquad b = \begin{pmatrix} b_2 & b_1 \\ b_4 & b_3 \end{pmatrix}. \tag{26}$$

Für das Kronecker-Produkt gelten z. B. folgende Beziehungen:

$$(A \otimes B)\, (C \otimes D) = AC \otimes BD \tag{26}$$

und damit

$$(A \otimes B)^{-1} = A^{-1} \otimes B^{-1} \tag{27}$$

sowie

$$\mathrm{Tr}\,(A \otimes B) = \mathrm{Tr}\,A\,\mathrm{Tr}\,B. \tag{28}$$

Für isotrope Störungen hat die Matrix (9) die Gestalt

$$G = k^0(A \otimes I) - k^m(B \otimes \sigma^m), \tag{29}$$

und die Determinante lautet

$$\mathrm{Det}\,G = \{k^{0^2}\,\mathrm{Det}\,A + k^2\,\mathrm{Det}\,B\}^2 - k^{0^2}k^2\{\mathrm{Det}\,A\,\mathrm{Tr}\,(A^{-1}B)\}^2. \tag{30}$$

Hier ist $k^2 = \sum_{i=1}^{3} k_i^2$. Da (30) eine quadratische Gleichung in k^{0^2} und k^2 ist, ergeben die Dispersionsbeziehungen im allgemeinen zwei Flächen 2. Ordnung, d. h. zwei Kausalkegel

$$k_{1,2}^{0^2} = k^2 \left\{-\mathrm{Det}\,(A^{-1}B) + \frac{1}{2}\,\mathrm{Tr}\,(A^{-1}B)^2 \pm \sqrt{\Delta}\right\} \tag{31}$$

mit

$$\Delta = \mathrm{Tr}\,(A^{-1}B)^2 \left[-\mathrm{Det}\,(A^{-1}B) + \frac{1}{4}\,(\mathrm{Tr}\,A^{-1}B)^2\right]. \tag{32}$$

Entartung zu einem Lichtkegel erhält man für den Fall $\Delta = 0$. Da die $\underset{\alpha}{a}$ und $\underset{\alpha}{b}$ kleine Störungen sein sollen, gelten folgende Abschätzungen:

$$\mathrm{Det}\,A = -1 + O(a), \qquad \mathrm{Det}\,A^{-1}B = -1 + O(a, b) \tag{33}$$

und

$$\mathrm{Tr}\,A^{-1}B = O(a, b). \tag{34}$$

Dann kann die Diskriminante nur für den Fall

$$\mathrm{Tr}\,A^{-1}B = 0 \tag{35}$$

verschwinden. Entartung der Lichtkegel tritt also unter der Bedingung (35) auf.

Aus (32) ist weiter ersichtlich, daß $\Delta \geqq 0$ gilt, solange die Störungen $\underset{\alpha}{a}$ und $\underset{\alpha}{b}$ keine Imaginärteile enthalten, die Δ komplex oder negativ werden lassen. Wir betrachten daher im folgenden nur reelle Störungen.

Für den Fall isotroper Störungen können wir nun auch die Matrizen β und α^m explizit angeben, die zum Aufstellen der Hamilton-Funktion nötig sind. Man erhält

$$\beta = (\gamma^0)^{-1} = A^{-1} \otimes I. \tag{36}$$

Dann folgt

$$\alpha^m = \beta\gamma^m = A^{-1}B \otimes \sigma^m \tag{37}$$

und damit die Dirac-Gleichung in Schrödinger-Form

$$i\hbar\,\frac{\partial\psi}{\partial t} = \hat{H}\psi = (\boldsymbol{\alpha}\hat{\boldsymbol{p}} + m\beta)\,\psi \tag{38}$$

mit dem Hamilton-Operator

$$\hat{H} = (A^{-1}B \otimes \boldsymbol{\sigma})\, \hat{\boldsymbol{p}} + m(A^{-1} \otimes I). \tag{39}$$

Damit der Hamilton-Operator selbstadjungiert sein kann, müssen die Matrizen β und α^m hermitesch sein. Folglich müssen im Fall $m = 0$ die Matrix $A^{-1}B$ und im Fall $m \neq 0$ zusätzlich A hermitesch sein. Da wir nur reelle Störungen betrachten wollen, erhalten wir

$$a_2 = a_3, \tag{40}$$

woraus mit (15) und (18) z. B. $\underline{e}_0{}^0 = 0$ folgt, sowie

$$(-1 + a_4)(1 + b_1) - a_2 b_3 = -a_3 b_2 + (1 + a_1)(-1 + b_4). \tag{41}$$

Damit ist die Aufspaltung der Lichtkegel auch für einen selbstadjungierten Hamilton-Operator möglich.

Läßt man komplexe Störungen zu, die nicht (40), (41) genügen, so erhält man im allgemeinen komplexe Eigenwerte für den Hamilton-Operator. Die Imaginärteile Γ dieser Energie sind als Kehrwert der Lebensdauer zu interpretieren, so daß komplexe Störungen zu sehr großen, aber endlichen Zerfallszeiten des Systems führen würden.

Die für Stoßfronten gewonnenen Dispersionsbeziehungen (31) ergeben sich auch für Teilchen der Ruhmasse $m = 0$ aus der Gleichung (38). Für stationäre Zustände $\psi(\boldsymbol{x}, t) = \psi(\boldsymbol{x})\, \mathrm{e}^{-\frac{i}{\hbar}\varepsilon t}$ mit festem Impuls

$$\psi(\boldsymbol{x}) = \begin{pmatrix} \varphi \\ \chi \end{pmatrix} = \begin{pmatrix} \varphi_0 \\ \chi_0 \end{pmatrix} \mathrm{e}^{\frac{i}{\hbar}\boldsymbol{p}\boldsymbol{x}} \tag{42}$$

erhält man

$$\varepsilon \begin{pmatrix} \varphi_0 \\ \chi_0 \end{pmatrix} = (A^{-1}B \otimes \boldsymbol{\sigma})\, \boldsymbol{p} \begin{pmatrix} \varphi_0 \\ \chi_0 \end{pmatrix} + m(A^{-1} \otimes I) \begin{pmatrix} \varphi_0 \\ \chi_0 \end{pmatrix} \tag{43}$$

und damit die Determinantenbedingung

$$\mathrm{Det}\,\{E \otimes I - (A^{-1}B) \otimes \boldsymbol{\sigma}\boldsymbol{p}\} = 0, \tag{44}$$

wobei

$$E = \begin{Bmatrix} \varepsilon - mA_1{}^{-1} & -mA_2{}^{-1} \\ -mA_3{}^{-1} & \varepsilon - mA_4{}^{-1} \end{Bmatrix} \tag{45}$$

bedeutet. Für $m = 0$ ergibt das

$$[\varepsilon^2 + p^2\, \mathrm{Det}\,(A^{-1}B)]^2 - \varepsilon^2 p^2 [\mathrm{Tr}\,(A^{-1}B)]^2 = 0, \tag{46}$$

was mit (30) identisch ist. Dies ist wiederum konsistent mit den aus der Gleichung

$$\frac{\mathrm{d}\boldsymbol{x}}{\mathrm{d}t} = \frac{1}{i\hbar}\,[\hat{\boldsymbol{x}}, \hat{H}] = \boldsymbol{\alpha} \tag{47}$$

bestimmten Ausbreitungsgeschwindigkeiten für masselose Teilchen. Sie ergeben sich als Eigenwerte der Matrix $\boldsymbol{\alpha}$ zu

$$V_{1,2} = \left| \frac{\mathrm{Tr}\, A^{-1}B}{2} \pm \sqrt{\frac{(\mathrm{Tr}\, A^{-1}B)^2}{4} - \mathrm{Det}\, A^{-1}B} \right| \tag{48}$$

Im Entartungsfall erhält man eine Geschwindigkeit

$$V = \sqrt{-\frac{\operatorname{Det} B}{\operatorname{Det} A}}\,. \tag{49}$$

8.3. Die metrische Struktur der Raum-Zeit

Wir wollen nun die metrische Struktur unserer Raum-Zeit-Mannigfaltigkeit untersuchen. Man kann auf unterschiedliche Weise eine oder mehrere Metriken einführen, die aus entsprechenden Kombinationen der modifizierten Dirac-Matrizen gebildet werden. Zunächst kann man durch Spurbildung die Metrik

$$g^{\mu\nu} = \frac{1}{4} \operatorname{Tr} \gamma^\mu \gamma^\nu \tag{50}$$

erhalten. Mit (22) und (24) lauten ihre Komponenten

$$g^{00} = \frac{1}{2} \operatorname{Tr} A^2, \qquad g^{0i} = 0, \qquad g^{ij} = \frac{1}{2}\, \delta^{ij} \operatorname{Tr} B^2. \tag{51}$$

Sie definiert die Ausbreitungsgeschwindigkeit

$$V = \sqrt{-\frac{\operatorname{Tr} B^2}{\operatorname{Tr} A^2}} = \sqrt{-\frac{(\operatorname{Tr} B)^2 - 2 \operatorname{Det} B}{(\operatorname{Tr} A)^2 - 2 \operatorname{Det} A}}, \tag{52}$$

was selbst im Entartungsfall (35) nur für $\operatorname{Tr} A = \operatorname{Tr} B = 0$ mit dem aus den Dispersionsbeziehungen bestimmten Wert übereinstimmt. Diese Metrik entspricht also nicht den tatsächlichen Ausbreitungsvorgängen.

Die modifizierte Dirac-Gleichung (6) ist invariant bezüglich globaler linearer Transformationen der Wellenfunktion und gleichzeitiger Ähnlichkeitstransformationen der modifizierten Dirac-Matrizen:

$$\gamma^\mu \psi_{,\mu} = M\psi \to (\Sigma \gamma^\mu \Sigma^{-1})\, (\Sigma \psi)_{,\mu} = M(\Sigma \psi)\,. \tag{53}$$

Für masselose Anregungen ist die Gleichung

$$\gamma^\mu \psi_{,\mu} = 0 \tag{54}$$

invariant gegen lineare Transformationen der Dirac-Matrizen allein:

$$(\Sigma \gamma^\mu)\, \psi_{,\mu} = 0\,. \tag{55}$$

Dank dieser Eigenschaft kann man die Störungen $\underset{\alpha}{a}$, $\underset{\alpha}{b}$ noch geeignet normieren. Mit Hilfe einer Transformation (55) kann aber die Aufspaltung der Kausalkegel nicht aufgehoben werden. Eine solche Transformation ändert jedoch die Metrik (50).

Wir leiten daher die Metrik in einer Weise ab, die durch (55) nicht beeinflußt wird. Wir finden die geeignete Ausgangsgröße in Det G (9), denn die Bedingung (10) wird durch (55) nicht geändert. Det G ist eine homogene Funktion 4. Ordnung in den Komponenten k_μ. Im allgemeinen Fall ortsabhängiger Dirac-Matrizen wäre Det G eine Funktion von x^μ und k_μ. In der Finslerschen Geometrie konstruiert man die Stützfunktion

$H(x_\mu, k_\mu)$, die eine homogene Funktion 1. Ordnung in k sein muß. Die Metrik ist gegeben durch

$$g^{\mu\nu} = \frac{1}{2} \frac{\partial^2 H^2(x^\mu, k_\mu)}{\partial k_\mu \, \partial k_\nu}. \tag{56}$$

Im allgemeinen Fall kann also Det G das Produkt von vier verschiedenen derartigen Stützfunktionen sein. Man kann aber auch entsprechend der Aufspaltung in zwei Lichtkegel ansetzen

$$\text{Det } G = H_1^2(x^\mu, k_\mu) \, H_2^2(x^\mu, k_\mu) \tag{57}$$

und erhält zwei Metriken. Diese Metriken sollen auf die aus (30) gefundenen Kausalkegel führen. Das ergibt

$$H_1^2 = (k_0^2 - k_{0,1}^2) = \left\{k_0^2 - k^2 \left[-\text{Det}\,(A^{-1}B) + \frac{1}{2}\,(\text{Tr}\,A^{-1}B)^2 + \sqrt{\Delta}\right]\right\}, \tag{58a}$$

$$H_2^2 = (k_0^2 - k_{0,2}^2) = \left\{k_0^2 - k^2 \left[-\text{Det}\,(A^{-1}B) + \frac{1}{2}\,(\text{Tr}\,A^{-1}B) - \sqrt{\Delta}\right]\right\} \tag{58b}$$

und damit die Metriken

$$\underset{1}{g^{00}} = 1, \quad \underset{1}{g^{0i}} = 0, \quad \underset{1}{g^{ij}} = -\delta^{ij} \left\{-\text{Det}\,(A^{-1}B) + \frac{1}{2}\,(\text{Tr}\,A^{-1}B)^2 + \sqrt{\Delta}\right\}, \tag{59a}$$

$$\underset{2}{g^{00}} = 1, \quad \underset{2}{g^{0i}} = 0, \quad \underset{2}{g^{ij}} = -\delta^{ij} \left\{-\text{Det}\,(A^{-1}B) + \frac{1}{2}\,(\text{Tr}\,A^{-1}B)^2 - \sqrt{\Delta}\right\}. \tag{59b}$$

Der Ansatz

$$\text{Det } G = H^4(k_\mu) \tag{60}$$

führt nur im Falle der Entartung auf den richtigen Kausalkegel.

Bei Entartung hat die Metrik die Form

$$g^{00} = 1, \qquad g^{0i} = 0, \qquad g^{ij} = -(1 + \delta)\, \delta^{ij} \tag{61}$$

mit

$$1 + \delta = -\frac{\text{Det } B}{\text{Det } A}. \tag{62}$$

Analog zum Modell von Nielsen haben wir also die Abweichungen von der Lorentz-Invarianz durch einen Parameter δ gegeben, der von der gleichen Größenordnung wie α aus (3) ist. Aus [15] entnimmt man

$$|\delta| < 10^{-5} \tag{63}$$

als Ergebnis der Abweichung von der Lorentz-Invarianz in der schwachen Wechselwirkung. In [23] ist eine weit strengere Einschränkung vorhergesagt für den Fall, daß eine solche Abweichung in der Coulomb-Wechselwirkung auftritt:

$$|\delta| < 10^{-10} \tag{64}$$

8.4. Die Wechselwirkung mit dem elektromagnetischen Feld

Um die Wechselwirkung mit anderen Feldern beschreiben zu können, müssen wir das Verhalten der modifizierten Dirac-Gleichung (6) bei globalen Eichtransformationen der Gestalt

$$\psi \to e^{i\Theta\Gamma}\psi \tag{65}$$

untersuchen. Hier ist Γ ein Element der Dirac-Algebra mit konstanten Elementen, Θ ist ein konstanter Parameter. Γ kann nach der Basis der Dirac-Algebra zerlegt werden:

$$\Gamma = \sum_{A=1}^{16} \varepsilon_A \Gamma^A . \tag{66}$$

Für die Lorentz-invariante Dirac-Gleichung (4) erhält man bei der Transformation (65)

$$\underset{0}{\gamma}^\mu \overline{\psi}_{,\mu} = \left(\underset{0}{\gamma}^\mu e^{i\Theta\Gamma} \underset{0}{\gamma}^\mu\right) \gamma^\mu \psi_{,\mu} . \tag{67}$$

Nun ist (67) invariant gegen die Transformation (65), wenn

$$\gamma^\mu e^{i\Gamma\Theta} \gamma^\mu = e^{i\Theta\Sigma_A \underset{0}{\gamma}^\mu \Gamma^A \underset{0}{\gamma}^\mu} \tag{68}$$

nicht von μ abhängt. Das ergibt (s. z. B. [24])

$$\underset{1}{\Gamma} = \varepsilon_1 \boldsymbol{I} \tag{69}$$

$$\underset{2}{\Gamma} = \varepsilon_2 \gamma^5 . \tag{70}$$

$\underset{1}{\Gamma}$ entspricht der üblichen Phaseninvarianz und gilt auch für $m \neq 0$, während $\underset{2}{\Gamma}$ die Chiral-Invarianz bedeutet, die wegen des Vorzeichenwechsels in (68) nur für $m = 0$ gilt. Für die modifizierte Dirac-Gleichung (6) muß man zeigen, daß

$$\gamma^\mu e^{i\Theta\Gamma} (\gamma^\mu)^{-1} = e^{i\Theta(\gamma^\mu \Gamma)\gamma^\mu)^{-1}} \tag{71}$$

von μ unabhängig ist. Dies gilt für (69) bei beliebigen Störungen, während (70) nur für diejenigen Störungen eine Eichinvarianz bedeutet, die aus den ungeraden Elementen der Dirac-Basis (s. z. B. [25]) gebildet sind. Nur in diesem Fall (und $m = 0$) bleibt die Chiral-Invarianz auch für die modifizierten Dirac-Gleichungen erhalten. Die Phaseninvarianz gilt weiterhin, so daß die Kopplung mit dem elektromagnetischen Feld über die eichinvariante Ableitung beschrieben wird:

$$\nabla_\mu = \partial_\mu - i \frac{e}{\hbar} A_\mu . \tag{72}$$

Für das elektromagnetische Feld ist die Frage zu beantworten, wie sich die Brechung der Lorentz-Invarianz auf die Maxwell-Gleichungen auswirkt. Nur ein vollständiges Modell für die Erzeugung der Störungen der Lorentz-Invarianz kann ergeben, ob für alle Felder die aus der modifizierten Dirac-Gleichung abgeleitete Kausalstruktur wirkt oder ob nur bestimmte Feldtypen die Aufspaltung der Kausalkegel spüren, während z. B. das elektromagnetische Feld weiterhin den Lorentz-Minkowskischen Kausalverhältnissen folgt. Da uns ein solches vollständiges Modell nicht vorliegt, können wir einmal den Fall betrachten, daß die Maxwell-Gleichungen unverändert gelten (zumindest in 1. Näherung), und mögliche Konsequenzen einer Kopplung an die modifizierte Dirac-Gleichung untersuchen. Dies schließt aber die Möglichkeit aus, daß sich Störungen der Lorentz-Invarianz in der Dirac-Gleichung und in den Maxwell-Gleichungen in ihrer Wirkung kompensieren können. Dieser Fall wird z. B. dadurch einbezogen, daß man für das elektromagnetische Feld die gleichen Kausalverhältnisse fordert, wie sie sich aus der modifizierten Dirac-Gleichung (6) ergeben.

Bekanntlich können die Lorentz-invarianten Maxwell-Gleichungen

$$\begin{aligned} &\operatorname{rot} \boldsymbol{E} + \frac{\partial \boldsymbol{H}}{\partial t} = 0, \qquad \operatorname{rot} \boldsymbol{H} - \frac{\partial \boldsymbol{E}}{\partial t} = 4\pi \boldsymbol{j}, \\ &\operatorname{div} \boldsymbol{H} = 0, \qquad \operatorname{div} \boldsymbol{E} = 4\pi\varrho \end{aligned} \tag{73}$$

in die zur Dirac-Gleichung analoge Form gebracht werden:

$$-\frac{1}{\mathrm{i}} \sum_{\mu=0\,0}^{3} \alpha^\mu \psi_{,\mu} = -4\pi\Phi, \tag{74}$$

wenn man setzt

$$\Phi \begin{pmatrix} \varrho \\ j_1 \\ j_2 \\ j_3 \end{pmatrix}, \qquad \psi = \begin{pmatrix} 0 \\ H_1 - \mathrm{i}E_1 \\ H_2 - \mathrm{i}E_2 \\ H_3 - \mathrm{i}E_3 \end{pmatrix}. \tag{75}$$

Die Aufspaltung der Kausalkegel gemäß (31) wird durch die zwei Parameter Det $A^{-1}B$ und Tr $A^{-1}B$ bestimmt. Wir setzen daher die modifizierten α^μ an zu

$$\begin{aligned} \alpha^0 &= \begin{pmatrix} 1 & 0 & 0 & 0 \\ 0 & 1 & 0 & 0 \\ 0 & 0 & 1 & 0 \\ 0 & 0 & 0 & 1 \end{pmatrix}, \qquad \alpha^1 = \begin{pmatrix} 0 & -a & 0 & 0 \\ a & 0 & 0 & 0 \\ 0 & 0 & 0 & -ib \\ 0 & 0 & ib & 0 \end{pmatrix}, \\ \alpha^2 &= \begin{pmatrix} 0 & 0 & -a & 0 \\ 0 & 0 & 0 & ib \\ -a & 0 & 0 & 0 \\ 0 & -ib & 0 & 0 \end{pmatrix}, \qquad \alpha^3 = \begin{pmatrix} 0 & 0 & 0 & -a \\ 0 & 0 & -ib & 0 \\ 0 & ib & 0 & 0 \\ -a & 0 & 0 & 0 \end{pmatrix}. \end{aligned} \tag{76}$$

Das ergibt die Determinante

$$\operatorname{Det} G = \operatorname{Det} (\alpha^\mu k_\mu) = [k_0^2 + abk^2]^2 - (a + b)^2\, k^2. \tag{77}$$

Das führt auf die Dispersionsbeziehungen (31) für

$$ab = \operatorname{Det} A^{-1}B, \qquad (a + b)^2 = (\operatorname{Tr} A^{-1}B)^2. \tag{78}$$

Man erhält daraus

$$b_{1,2} = a_{2,1} = \frac{\mathrm{Tr}\, A^{-1}B}{2} \pm \sqrt{\frac{(\mathrm{Tr}\, A^{-1}B)^2}{4} - \mathrm{Det}\, A^{-1}B}\,. \tag{79}$$

Die modifizierten Maxwell-Gleichungen lauten

$$\begin{aligned} &b \,\mathrm{rot}\, \boldsymbol{H} - \frac{\partial \boldsymbol{E}}{\partial t} = 4\pi \boldsymbol{j}, \qquad b \,\mathrm{rot}\, \boldsymbol{E} + \frac{\partial \boldsymbol{H}}{\partial t} = 0 \\ &\mathrm{div}\, \boldsymbol{H} = 0, \qquad a \,\mathrm{div}\, \boldsymbol{E} = 4\pi\varrho\,. \end{aligned} \tag{80}$$

Der Vergleich von (79) mit (48) zeigt, daß man für das elektromagnetische Feld die gleichen Ausbreitungsgeschwindigkeiten wie für die masselosen Dirac-Teilchen erhält. Ohne Quellen kann man die Gleichungen (80) als Gleichungen in einem Medium ansehen. Wegen der zwei verschiedenen Lösungen für a, b liegt die Analogie zum doppelt brechenden Kristall nahe [21]. Will man vermeiden, daß man zwei Sätze von Maxwell-Gleichungen erhält, so muß man über (35) die Entartung der Lichtkegel fordern.

Das hier vorgestellte Modell für die Störungen der Lorentz-Invarianz wird nun auf konkrete physikalische Systeme mit dem Ziel angewendet, experimentelle Effekte der modifizierten Gleichungen vorherzusagen und damit Einschränkungen für die Werte der Störparameter zu erhalten. Erste Beispiele dieser Art sind in [23] angeführt.

Literatur

[1] TREDER, H.-J.: Die Relativität der Trägheit. Berlin: Akademie-Verlag 1972.

[2] TREDER, H.-J.: Über Prinzipien der Dynamik von Einstein, Hertz, Mach und Poincaré. Berlin: Akademie-Verlag 1974.

[3] TREDER, H.-J.; MÜCKET, J. P.: Große kosmische Systeme. Berlin: Akademie-Verlag 1981.

[4] PLANCK, M.: Das Prinzip von der Erhaltung der Energie. Leipzig, Berlin: B. G. Teubner 1913, S. 272.

[5] LIEBSCHER, D.-E.; YOURGRAU, W.: Ann. Phys. (Lpz.) **36** (1979) 16.

[6] LIEBSCHER, D.-E.: Astron. Nachr. **302** (1981) 137.

[7] LIEBSCHER, D.-E.: Classical and Quantum Pregeometry. In: MARKOV, M. A.; FROLOV, V. P.; BEREZIN, V. A. (Hrsg.): Third Seminar on Quantum Gravity, Moscow 1984. Singapore: World Scientific 1985, p. 223.

[8] BARBOUR, J. B.: Relational concepts of space and time. British Soc. Phil. Sci. London 1980.

[9] BARBOUR, J. B.; BERTOTTI, B.: Proc. Roy. Soc. London **A382** (1982) 295.

[10] TERAZAWA, H.: Space-Time and Matter in "Prephysics". In: BATALIN, I. A.; VILKOVISKY, G. A. (Hrsg.): Quantum Field Theories and Quantum Statistics. Adam Hilger Ltd. 1895.

[11] ADLER, S.: Rev. Mod. Phys. **54** (1982) 397.

[12] BLOKHINTSEV, D. I.: Phys. Lett. **12** (1964) 272.

[13] RÉDEI, L. B.: Phys. Rev. **145** (1966) 999.

[14] RÉDEI, L. B.: Phys. Rev. **162** (1967) 1299.

[15] NIELSEN, H. B.; PICEK, I.: Phys. Lett. **114 B** (1982) 141.

[16] NIELSEN, H. B.: Did God Have To Fine Tune The Laws of Nature To Create Light? In: ANDRIĆ, I.; DADIĆ, I.; ZOVKO, N. (Hrsg.): Particle Phys. 1980. Amsterdam: North-Holland 1981.

[17] ARONSON, S. H.; BOCK, G. J.; HAI-YANG CHENG; FISCHBACH, E.: Phys. Rev. **D28** (1983) 495.

[18] Bauer, W. G.; Salecker, H.: Muonic Atoms Testing the Electron Propagator of Quantum Electrodynamics and the Higgs Boson Contribution. In: Barut, A. O.; van der Merwe, A.; Vigier, J.-P.: Quantum Space and Time — The Quest Continues. Cambridge: Cambridge Univ. Press 1984.

[19] Fischbach, E.: Experimental Constraints on New Cosmological Fields. Preprint PURD-TH-83-21.

[20] Itzykson, C.; Zuber, J.-B.: Quantum Field Theory. New York: McGraw-Hill 1980.

[21] Bleyer, U.; Liebscher, D.-E.: Causality and Light Propagation. Preprint PRE-ZIAP 85-02.

[22] Bleyer, U.; Liebscher, D.-E.: Induced Causality. Preprint PRE-ZIAP 86-01.

[23] Fischbach, E.; Haugan, M. P.; Tadić, D.; Hai-Yang Cheng: Lorentz Noninvariance and the Eötvös Experiments. Preprint PURD-TH-84-23.

[24] Lochak, G.: Int. J. Theor. Phys. **24** (1985) 1019.

[25] Moreno, M.: J. Math. Phys. **26** (1985) 576.

9. Zur Beziehung von statistischer Mechanik und Mach-Einstein-Doktrin

Von Jan P. Mücket

Die Mach-Einstein-Doktrin gemäß Treder [1] (MET) formuliert analytisch das Machsche Prinzip in seiner Deutung durch Einstein. Sie bezieht sich dabei auf eine reine Punktteilchenmechanik von N schweren Massen (N ist eine große Zahl), die definitionsgemäß den gesamten Kosmos modellieren. Als alleinige universelle Wechselwirkung zwischen den Teilchen wirkt über beliebige Distanzen die Newtonsche Gravitation. Aus diesem Grunde ist der N-Teilchen-Kosmos das einzige existierende abgeschlossene System. Damit existiert kein physikalisches Bezugssystem, in dem eine absolute Bewegung des Kosmos als Ganzes beschreibbar ist, wobei unter einem physikalischen Bezugssystem ein solches verstanden sein will, das mindestens einen ruhenden Beobachter enthält. Für den Kosmos als Ganzes sind demzufolge alle Bewegungen sowohl denkbar als auch real möglich, aber prinzipiell unbestimmt. Entscheidend dabei ist, daß die unbestimmte Bewegung des Kosmos als Gesamtsystem keinen Einfluß auf die innere Dynamik, d. h. auf den inneren Zustand, des Gesamtsystems haben darf. Letzteres muß als Postulat gelten. Es folgt daraus unmittelbar das Poincarésche Prinzip [2] (s. auch [3]): In die Beschreibung einer beliebigen Partikelbewegung dürfen nur Relativgrößen eingehen, um physikalisch sinnvolle Aussagen erhalten zu können. Die vollständige Beschreibung der inneren Dynamik des Kosmos unter Verwendung von Größen mit ausschließlichem Relationscharakter muß deshalb in einem reinen Hertzschen Konfigurationsraum erfolgen (vgl. [3] und [4]). Die Lagrange-Funktion, die ein solches System beschreibt, muß notwendig invariant gegenüber verallgemeinerten Galilei-Transformationen

$$\mathrm{d}x_A{}^i \to \mathrm{d}x_A{}^{i,} + f^i(t)\,\mathrm{d}t$$

sein, wobei $f(t)$ eine völlig freie Funktion ist. Die Mach-Einstein-Doktrin fordert in Ergänzung zu den teleskopischen Prinzipien von Mach und Poincare (s. [5] und [2]), daß die träge Masse einer Partikel durch die Gravitationswechselwirkung mit allen anderen Partikeln des Kosmos erzeugt wird (s. [6, 7]). Aus der Reziprozität der Wechselwirkung und dem Äquivalenzprinzip von Einstein folgt, daß die träge Masse einer Partikel dem negativen Gravitationspotential (als positiver skalarer Größe) proportional ist. Die genannten Prinzipien finden ihren analytischen Ausdruck in der Lagrange-Funktion der MET [1, 3]

$$L = L(x^i_{AB}, v^i_{AB}) = \sum_{A>B}^{N}\sum \frac{f m_A m_B}{r_{AB}} \left(1 + \frac{\beta}{c^2}\, v^2_{AB}\right) = \sum_{A>B}^{N}\sum \Phi_{AB} \left(1 + \frac{\beta}{c^2}\, v^2_{AB}\right). \quad (1)$$

x^i_{AB} und v^i_{AB} sind entsprechend die relativen Koordinaten und Geschwindigkeiten eines Teilchens A relativ zu einem Teilchen B. f ist die Gravitationskonstante, und der numerische Faktor bestimmt sich sowohl aus dem lokalen Anschluß der MET an die ART als auch aus dem Vergleich mit dem Einstein-Kosmos zu $\beta = 3/2$ (siehe dazu u. a. [9] und [10]).

Die MET vereinigt nicht nur die Prinzipien von Mach, Einstein, Hertz und Poincaré in einer geschlossenen Theorie, sondern sie gestattet es auch, die Wirksamkeit und Bedeutung der Prinzipien zu untersuchen. Vor allem die Unterschiede und Abweichungen in den der Beobachtung zugänglichen Konsequenzen zu den Newtonschen uud Einsteinschen Ansätzen sind von besonderer Wichtigkeit. Diese Unterschiede treten vor allem auf, wenn entweder große, massereiche oder sehr dichte Teilchensysteme beschrieben werden, deren eigenes lokales Gravitationspotential gegenüber dem mittleren kosmischen ($= -c^2/3$) nicht mehr vernachlässigt werden darf. Insbesondere ist für sehr große Subsysteme die durch die Reziprozität der Bewegung hervorgerufene Rückkopplung zwischen Subsystemen und Kosmos nicht mehr verschwindend klein und daher zu berücksichtigen. Letzteres ist in früheren Arbeiten bereits eingehend untersucht worden [8, 9].

Die mit der MET notwendig verknüpfte Vielteilchenmechanik fordert zu statistischen Ansätzen auf. Es erwächst die Hoffnung, mit Hilfe des Apparats der statistischen Physik zusätzliche Aussagen über den spezifischen Zustand der MET-Systeme zu erhalten und dadurch weitere nachprüfbare Unterschiede zu entsprechenden Newtonisch behandelten Objekten aufzudecken [11]. Bei der statistischen Behandlung wird man bereits bei Newtonschen Teilchensystemen (d. h. für klassische Systeme mit Newtonscher Gravitationswechselwirkung zwischen den Partikeln) mit ernsten Problemen konfrontiert, die sowohl mit dem rein attraktiven Charakter der Newtonschen Wechselwirkung als auch mit dem schwachen $1/r$-Abfall des Potentials zusammenhängen. Aus Konvergenzgründen ist man bereits dort gezwungen, die Teilchen als unendlich harte Kugeln mit beliebig kleinem, aber endlichem Durchmesser 2ε zu betrachten (sofern man nicht andere Wechselwirkungen einführen will), um Divergenzen in den zu behandelnden Größen vermeiden zu können. In der MET sollten kollapsähnliche Phänomene infolge der dem Gravitationspotential proportionalen trägen Masse abgeschwächt verlaufen oder vermeidbar sein. Untersuchungen an anderer Stelle [8, 9] zeigen, daß letzteres nur möglich ist, wenn der Drehimpuls des betrachteten Systems erhalten bleibt. In diesem Fall genügen im Unterschied zur Newtonschen Mechanik immer endliche Geschwindigkeiten. Hier soll jedoch ein von Null verschiedener Drehimpuls nicht vorausgesetzt werden, und wir folgen daher ebenfalls der Hilfsannahme harter Kugelteilchen. Es sind zweifellos bestimmte Bedingungen vorzugeben, damit Subsysteme als relativ selbständige Objekte behandelt werden können und so der statistischen Betrachtung zugänglich werden. Es soll daher zunächst geklärt werden, inwieweit die Argumentation der statistischen Mechanik bezüglich Gleichgewichtssystemen auf ein Subsystem in der MET angewendet werden kann.

9.1. Die kanonische Verteilung in der MET

Der Begriff der mikrokanonischen Verteilung ist ohne weiteres auf den gesamten MET-Kosmos übertragbar, da dieser ein isoliertes System per definitionem darstellt. Ein beliebiges Untersystem ist dagegen nur unter großen Vorbehalten als quasi-isoliert zu betrachten. Die Trägheitseigenschaften der Partikeln des Subsystems werden ja gerade durch die Wechselwirkung mit der Gesamtheit aller kosmischen Partikeln bestimmt. Dieser Umstand macht sich auch bei der Ableitung der kanonischen Verteilung (d. h. der Wahrscheinlichkeit, daß sich ein gegebenes System in der Nähe eines bestimmten Energiezustandes befindet) bemerkbar. In der Tat wird dabei gefordert, daß sich die Energie des Gesamtsystems (Kosmos) in guter Näherung als Summe der Energien der Subsysteme darstellen läßt (siehe dazu z. B. [12]). Die Wechselwirkung zwischen den Systemen soll also vernachlässigbar klein sein. Nun ist das Newtonsche Gravitationspotential so beschaffen, daß bei gleichmäßiger Verteilung der Teilchen auch beliebig ferne Massen einen Beitrag zum örtlichen Gravitationspotential liefern, was u. a. für einen Newtonschen Kosmos mit unendlicher Masse zu dem bekannten Paradoxon führt. Bei gleichmäßiger (homogener) Verteilung trägt also die Wechselwirkung mit entferntesten Teilchen zur trägen Masse in der MET bei. Der Ausweg besteht in bestimmten Forderungen an die Materieverteilung.

Wir betrachten ein System S_1, das aus N Untersystemen S_{0A} besteht, wobei ein jedes von ihnen wiederum n_A Teilchen mit den Massen m_{a_A} enthält. Die Lagrange-Funktion für das System S_1 hat die Form

$$L = \sum_A^N \sum_{a_A > b_A}^{n_A} \sum \Phi_{a_A b_A} \left(1 + \frac{\beta}{c^2} v_{a_A b_A}^2\right) + \sum_{A>B}^N \sum_{a_A}^{n_A} \sum_{a_B}^{n_B} \Phi_{a_A a_B} \left(1 + \frac{\beta}{c^2} v_{a_A a_B}^2\right). \tag{2}$$

Wir leiten daraus die Hamilton-Funktion $H = \sum_A \frac{\partial L}{\partial v_A{}^i} v_A{}^i - L$ ab und nehmen an, daß die n_A Teilchen in den Systemen S_{0A} gleichmäßig verteilt sind. Dann folgt für E_1

$$E_1 = E_0 + E_{01} + E_1'. \tag{3}$$

E_0 bezeichnet die Energie eines isolierten n_A-Teilchen-Systems

$$E_0 = -\sum_{a>b}^n \sum \Phi_{ab} \left(1 - \frac{\beta}{c^2} v_{ab}^2\right). \tag{4}$$

E_1' ist die Gesamtenergie aller übrigen N-1 Untersysteme und E_{01} gibt die Wechselwirkung des betrachteten Systems S_0 mit sämtlichen anderen Systemen an. Wir finden dann explizit

$$E_1 = -\sum_{a>b}^n \sum \Phi_{ab} \left(1 - \frac{\beta}{c^2} v_{ab}^2\right) + \frac{1}{2} \sum_a^n m_a v_a{}^2 \left(\frac{2\beta f}{c^2} \sum_A{}' \frac{m_A}{r_{aA}}\right)$$
$$- \frac{2\beta f}{c^2} \sum_a \sum_A{}' \Phi_{aA} \boldsymbol{v}_a \boldsymbol{v}_A + E_1'. \tag{5}$$

Die Summe des zweiten und dritten Terms in (5) beschreibt die Wechselwirkung E_{10}. Die Größe $m_a{}^* = m_a \left(\frac{2\beta f}{c^2} \sum_A{}' \frac{m_A}{r_{aA}}\right)$ ist die von den fernen Massen (die nicht zu S_0 gehören) induzierte träge Masse der Partikeln a. Dieser Term kann nur dann unabhängig von den Massen weiterer übergeordneter Systeme S_N werden, wenn die Materie so verteilt ist, daß die Hinzunahme immer weiter entfernter Massen keinen Beitrag zu m_a liefert. Der dritte Term unterscheidet sich von den übrigen durch einen Faktor von der Größenordnung R_0/R_1, der viel kleiner als Eins sein muß, um diesen Term vernachlässigen zu können (R_1 und R_0 sind die charakteristischen Durchmesser der Systeme S_1 und der Systeme S_0). Damit können die Bedingungen dafür, daß die Energie des Gesamtsystems darstellbar ist, als

$$E_1 = \sum_A \tilde{E}_A \tag{6}$$

angegeben werden. Wegen $m_a^*/m_a \sim \frac{M_1}{R_1} \sim \frac{N_1 M_0}{R_1}$ muß gelten

$$\left.\begin{aligned} &\frac{M_{i+1}}{R_{i+1}} \sim \frac{M_i}{R_i} \approx \text{const}, \\ &\frac{R_{i-1}}{R_i} \ll 1. \end{aligned}\right\} \tag{7}$$

Diese Bedingungen werden gerade dann erfüllt, wenn die Partikeln in den Teilchensystemen so verteilt sind, daß sie den Forderungen des „molekular-hierarchischen Kosmos" von Charlier und Lambert (siehe dazu [10]) genügen. Es ist dann nämlich für zwei aufeinanderfolgende Systeme S_{i-1} und S_i mit $R_i \gtrapprox R_{i-1} \cdot N_i$ und $M_i = N_i \cdot M_{i-1}$

$$\varphi_i = f\frac{M_i}{R_i} \lessapprox f\frac{N_i M_{i-1}}{N_i R_{i-1}} = f\frac{M_{i-1}}{R_{i-1}} = \varphi_{i-1} \tag{8}$$

und

$$\frac{R_{i-1}}{R_i} \leqq \frac{1}{N_i} \ll 1. \tag{9}$$

Dann kann (6) mit hinreichender Genauigkeit als erfüllt und damit als konkrete Realisierung eines statistischen Ensembles betrachtet werden. Die $\tilde{E}_A$ sind gegeben durch

$$\tilde{E}_A = -\sum_{a>b}^{n}\sum \Phi_{ab}\left(1 - \frac{\beta}{c^2}\, v_{ab}^2\right) + \frac{1}{2}\sum_a m_a^* v_a^2. \tag{10}$$

Für den besonderen Fall sehr dichter Teilchenkonfigurationen, wenn das lokale Gravitationspotential vergleichbar mit dem mittleren kosmischen Potential oder dem Betrag nach größer als dieses wird (extremes MET-System), kann von dem zweiten Term in (10) abgesehen werden. Die träge Masse der Teilchen wird dann überwiegend von der eigenen Teilchenkonfiguration bestimmt. Wir geben an dieser Stelle noch das modifizierte Potential für die Hilfskonstruktion unendlich harter Massekugeln an:

$$-\tilde{\Phi}_{ab} = \begin{cases} \infty,\ r_{ab} < \varepsilon, \\ -\Phi_{ab} \propto \dfrac{1}{r_{ab}},\ r \geqq \varepsilon \end{cases} \tag{11}$$

(s. Abb. 9.1). Setzen wir die Bedingungen (8) und (9) als befriedigt voraus, dann können wir annehmen, daß die Wahrscheinlichkeit desjenigen Zustands des Gesamtsystems S_i, bei dem sich ein Untersystem im Zustand mit der Energie um E_{i-1} befindet, durch die Gibbssche bzw. kanonische Verteilung gegeben ist.

Die thermodynamischen Größen bzw. Parameter können dann nach dem bekannten Verfahren aus dem Normierungsfaktor der kanonischen Verteilung — der sogenannten

Zustandssumme — bestimmt werden. Die Bedingungen dafür, daß sich die betrachteten Systeme S_{i-1} im thermischen Gleichgewicht befinden, lauten

$$T = \text{const} \quad \text{und} \quad \mu = \left(\frac{\partial F}{\partial N}\right)_{T,V} = \text{const}$$

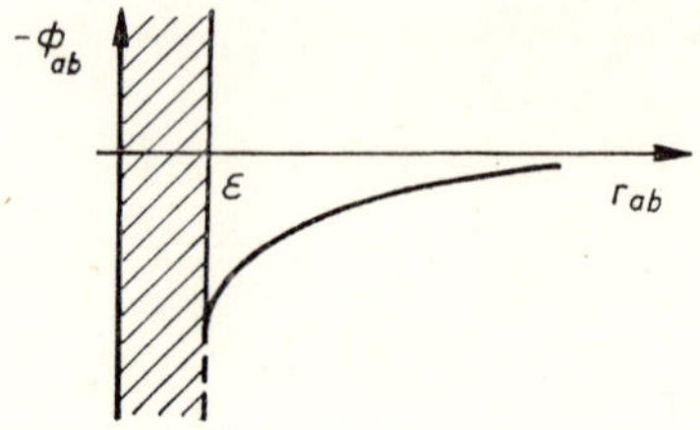

Abb. 9.1

im gesamten betrachteten Volumen. Die Zustandssumme Z_N für ein N-Teilchen-System berechnet sich nach

$$Z_N = \frac{1}{h^{3N}} \cdot \frac{1}{N!} \int \cdots \int e^{-\frac{H}{T}} \, d^N \boldsymbol{p} \, d^N \boldsymbol{r}. \tag{12}$$

$H = H(p, r)$ ist die Hamilton-Funktion des Systems, also die Energiefunktion (10) oder für ein extremes MET-System die Hamilton-Funktion zur Lagrange-Funktion (1). Der Faktor $1/N!$ erlaubt, die Integration auf den gesamten Phasenraum auszudehnen. h^3 soll das kleinste Phasenraumvolumen bezeichnen, das auf ein Teilchen entfällt.

9.2. Die Hamilton-Funktion der MET und Transformationen der kanonischen Variablen

Bevor die Zustandssumme in verschiedenen Näherungen berechnet wird, wollen wir die Hamilton-Funktion der MET als Funktion der kanonischen Impulse und geeigneter Koordinaten angeben. Weiterhin wird es notwendig sein, die Hamilton-Funktion auf eine für die Berechnung günstige Form zu bringen. Dazu sollen einige in Hinblick auf den Hamilton-Formalismus interessante Aspekte behandelt werden. Schließlich wollen wir im Zusammenhang mit der später angegebenen Ableitung der Zustandsgleichung für ein extremes MET-System das Transformationsverhalten der zeitlichen Ableitung des Virials kurz diskutieren.

Aus der Lagrange-Funktion (1) folgt für die kanonischen Impulse $\boldsymbol{p}_A$

$$p_A{}^i = \frac{\partial L}{\partial v_A{}^i} = \sum_{B \neq A}^{N} m_{AB} v^i_{AB}. \tag{13}$$

Zur Abkürzung ist hier die Bezeichnung $m_{AB} = \frac{2\beta}{c^2} \Phi_{AB}$ eingeführt worden. Mit Bezug auf einen beliebigen Referenzpunkt P_0 läßt sich (13) als linearer Ausdruck der auf P_0 bezogenen $3N$ Geschwindigkeitskomponenten v^i_{A0} schreiben. Der Gesamtimpuls des Systems verschwindet identisch:

$$\sum_{A}^{N} p_A{}^i = 0. \tag{14}$$

Deshalb ist das System der $3N$ linearen Gleichungen in bezug auf die $v_A{}^i$ nicht linear unabhängig, und es können nur $3(N-1)$ kanonische Impulse als unabhängige Variable in die Hamilton-Funktion eingehen. Die Geschwindigkeit $\boldsymbol{v}_0$ eines Teilchens ist beliebig vorzugeben. Dies ist Ausdruck der oben genannten verallgemeinerten Galilei-Invarianz bzw. des Poincaréschen Prinzips. Die freie Wahl der „Absolutgeschwindigkeit" eines Referenzpunktes ist gleichbedeutend mit der freien Wahl eines Bezugssystems im eingangs erläuterten Sinn, d. h. eines Bezugssystems, das fest mit einer Partikel gekoppelt ist ($\boldsymbol{v}_0 = 0$). Nach Wahl einer Bezugspartikel, deren kanonischer Impuls gleich der negativen Summe aller anderen N — 1 Impulse $\boldsymbol{p}_A$ ist,

$$p_0{}^i = -\sum_A^N{}' p_A{}^i, \tag{15}$$

lassen sich in diesem Bezugssystem die Geschwindigkeiten aller übrigen Partikeln eindeutig (und umkehrbar) durch die kanonischen Impulse ausdrücken:

$$v^i_{A0} = \sum_B^N{}' b_{AB} p_B{}^i. \tag{16}$$

Die Bezugspartikel ist von der Summation ausgeschlossen.
$(b_{AB}) = \boldsymbol{B}$ ist die inverse Matrix zu

$$\boldsymbol{A} = (a_{AB}) = \begin{bmatrix} \sum\limits_{B \neq 1,0}^N{}' m_{1B} + m_{10} & -m_{12} & \cdots & -m_{1N} \\ -m_{21} & \sum\limits_{B \neq 2,0}^N{}' m_{2B} + m_{20} & \cdots & -m_{2N} \\ \cdots & \cdots & \cdots & \cdots \\ -m_{N1} & -m_{N2} & \cdots & \sum\limits_{B \neq N,0}^N{}' m_{NB} + m_{N0} \end{bmatrix}. \tag{17}$$

Es ist

$$\Delta(a) = \mathrm{Det}\,(a_{AB}) \neq 0.$$

(13) läßt sich mit Hilfe der Matrixelemente (17) darstellen als

$$p_A{}^i = \sum_B{}' a_{AB} v^i_{B0}, \tag{18}$$

wobei der Strich am Summenzeichen wieder den Ausschluß der Referenzpartikeln von der Summation bedeutet. In [11] ist gezeigt, daß die kanonischen Impulse invariant gegenüber der Wahl der Bezugspartikeln sind. Sie stellen in diesem Sinne Absolutgrößen des Systems dar. Die Wahl der jeweiligen Referenzpartikeln führt gleichzeitig zur Festlegung eines relativen oder bezüglichen Konfigurationsraumes von $3(n-1)$ Dimensionen (s. [13]). Die $3(N-1)$ Koordinaten des bezüglichen Konfigurationsraumes und die gleiche Zahl kanonischer Impulse charakterisiert vollständig den inneren Zustand eines MET-Systems.

Die Hamilton-Funktion zur Lagrange-Funktion (1) kann dann in der folgenden Weise geschrieben werden:

$$\begin{aligned} H &= -\sum_{A>B}\sum \Phi_{AB}\left(1 - \frac{\beta}{c^2} v^2_{AB}\right) = \sum_A{}' v^i_{A0} p_A{}^i - \sum_{A>B}\sum \Phi_{AB} \\ &= \frac{1}{2}\sum_A{}' \sum_B{}' b_{AB} p_A{}^i p_B{}^i - \sum_{A>B}\sum \Phi_{AB}. \end{aligned} \tag{19}$$

Für die Berechnung der Zustandssumme ist es zweckmäßig, den „kinetischen" Teil der Hamilton-Funktion $K(p, r)$ in Diagonalform mit Diagonalkoeffizienten gleich Eins zu bringen. $K(p, r)$ ist eine positiv definite quadratische Form in den Impulsen (s. (19)), und sowohl $\boldsymbol{A}$ als auch $\boldsymbol{B} = \boldsymbol{A}^{-1}$ sind symmetrisch. Deshalb existiert eine Transformationsmatrix $\boldsymbol{C}$, die die gewünschte Form erzeugt:

$$\boldsymbol{C}^{\mathsf{T}}\boldsymbol{B}\boldsymbol{C} = \boldsymbol{I}. \tag{20}$$

Für die weiteren Betrachtungen ist es günstiger, aus Gründen der Übersichtlichkeit die $r_A{}^i$ und $p_A{}^i$ fortlaufend numeriert als q_A umzubezeichnen (s. auch Hertz), indem der Koordinatenindex i in den Teilchenindex B eingereiht wird (aus (p_A, q_A) läßt sich die Teilchennummer als $A/3$ ablesen, und der Koordinatenindex bestimmt sich als $x_B{}^1 = q_{A/3}$, $x_B{}^2 = q_{A/3+1}$, $x_B{}^3 = q_{A/3+2}$).

Die zu $\boldsymbol{C}$ gehörende Transformation der Impulse hat die Form

$$p_A = \sum_B c_{AB} P_B, \tag{21}$$

wobei die $c_{AB} = c_{AB}(q)$ Funktionen allein der alten Koordinaten q_A sind. $\boldsymbol{C}$ läßt sich darstellen als

$$\boldsymbol{C} = \boldsymbol{U}\boldsymbol{D}, \tag{22}$$

wobei $\boldsymbol{U}$ eine orthogonale Matrix ist, die $\boldsymbol{B}$ diagonalisiert, und $\boldsymbol{D}$ ist eine Diagonalmatrix (mit den inversen Quadratwurzeln der Eigenwerte von $\boldsymbol{B}$ auf der Hauptdiagonalen). Für die Erzeugung von $\boldsymbol{U}$ ist eine definierte Prozedur in der Algebra bekannt. Wegen $\boldsymbol{B} = \boldsymbol{A}^{-1}$ folgt aus (20)

$$\boldsymbol{C}^{\mathsf{T}}\boldsymbol{C} = \boldsymbol{U}\boldsymbol{D}(\boldsymbol{U}\boldsymbol{D})^{\mathsf{T}} = \boldsymbol{A} \tag{23}$$

und damit

$$\operatorname{Det} \boldsymbol{C} = (\operatorname{Det} \boldsymbol{A})^{1/2}. \tag{24}$$

Für die Berechnung der Zustandssumme ist es vorteilhaft, die Koordinaten q_A nicht mitzutransformieren, d. h. sie einer identischen Transformation zu unterwerfen:

$$Q_A = q_A. \tag{25}$$

In diesem Fall ist die transformierte Hamilton-Funktion $H(P, q)$ $H = \frac{1}{2} \sum_A P_A{}^2 + U(r_{AB})$ explizit bekannt, und die unter dem Integral der Zustandssumme erscheinende Jacobi-Determinante drückt sich wegen (23) durch die Determinante der ebenfalls explizit bekannten Matrix $\boldsymbol{A}$ aus:

$$\frac{\partial(p, q)}{\partial(P, Q)} = (\operatorname{Det} \boldsymbol{C})^3 = (\operatorname{Det} \boldsymbol{A})^{3/2} = \Delta^{3/2}(a). \tag{26}$$

Wir erhalten für die Zustandssumme

$$Z_N = \frac{1}{h^{3N}} \frac{1}{N!} \int \cdots \int \exp\left\{-\frac{1}{2T} \sum_A P_A{}^2\right\} \exp\left\{-\frac{U}{T}\right\} \cdot \Delta^{3/2}(a)\, \mathrm{d}^N \boldsymbol{r}\, \mathrm{d}^N \boldsymbol{P}. \tag{27}$$

Die transformierte Hamilton-Funktion $H(P, q)$ ist der alten nicht dynamisch äquivalent, weil die Transformation der dynamischen Variablen mittels (21) und (25) keine kanonische Transformation darstellt. Sehen wir von der konkreten Berechnung der Zustandssumme ab, dann ist es von Interesse, die Transformation (21) als Bestandteil einer kanonischen Transformation zu betrachten und nach der entsprechenden Transformation der Koordinaten zu suchen. Gleichung (21) läßt sich aus der erzeugenden Funktion

$$\mathcal{F}(q, P) = \sum_A f_A(q) P_A \tag{28}$$

erhalten, die zu der Klasse der erweiterten Punkttransformationen führt [14]. Aus (28) und (21) folgt

$$\begin{aligned} p_A &= \frac{\partial \mathcal{F}}{\partial q_A} = \sum_B f_{B,A} P_B = \sum_B c_{AB} P_B, \\ F &= (f_{A,B}) = C^{\mathsf{T}} = (c_{BA}). \end{aligned} \tag{29}$$

Die $f_{a,b}$ bestimmen sich also direkt aus den Elementen der transponierten Matrix C, und (29) repräsentiert $3(N-1) \times 3(N-1)$ lineare partielle Differentialgleichungen bezüglich der q_A:

$$\frac{\partial f_A}{\partial q_B} = f_{A,B}(q) = c_{BA}(q). \tag{30}$$

Die neuen Koordinaten Q_A bestimmen sich aus $\mathcal{F}(q, P)$ gemäß

$$Q_A = \frac{\partial \mathcal{F}}{\partial P_A} = f_A(q) \tag{31}$$

und sind die Lösungen der Gleichungen (30).

Die von den neuen Variablen abhängige Hamilton-Funktion (wegen $\frac{\partial \mathcal{F}}{\partial t} = 0$ ist $H(p, q) = H(P, Q)$) ist (19) äquivalent und entspricht formal in den neuen Variablen einem System von Teilchen, die sämtlich die träge Masse Eins besitzen und deren Wechselwirkung durch das Potential $U^*(Q_A)$ beschrieben wird.

Wegen $\frac{\partial(Q)}{\partial(q)} = \operatorname{Det} \boldsymbol{F} = \operatorname{Det} \boldsymbol{C} \neq 0$ existieren die Umkehrfunktionen $f_A^{-1}(Q)$, und die q_A lassen sich im Prinzip durch die neuen Q_A ausdrücken:

$$q_A = f_A^{-1}(Q_A) = g_A(Q_A). \tag{33}$$

Wenn unter den Lösungen von (30) die $f_A(q)$ als homogene Funktionen existieren, läßt sich auf die Struktur der potentiellen Energie $U^*(Q_A)$ schließen.

Bezeichnet $n(y)$ die Ordnung einer homogenen Funktion $y(q)$, dann ist $n(\boldsymbol{A}) = n(m_{AB}) = n(\boldsymbol{U}) = -1$ und $n(\boldsymbol{B}) = 1$. Aus (29) bzw. (30) folgt für $n(\boldsymbol{C}) = -1/2 = n(\boldsymbol{F})$. Die partiellen Ableitungen $f_{A,B}$ sind also homogene Funktionen der Koordinaten q von der Ordnung $(-1/2)$. Sind nun die $f_A(q)$ selbst homogene Funktionen, dann können sie nur von der Ordnung $n(f) = 1/2$ sein. Dann ist also

$$\begin{aligned} Q_A &= f_A(q) = \lambda^{-1/2} f_A(\lambda q), \\ f_A(\lambda q) &= \lambda^{1/2} Q_A. \end{aligned}$$

Da die Umkehrfunktion existiert, muß gelten

$$\lambda q_A = g_A(\lambda^{1/2}Q)$$

und damit

$$q_A = g_A(Q) = \lambda^{-2} g_A(\lambda Q).$$

Die $g_A(Q)$ sind homogene Funktionen der Ordnung $n(g) = 2$. Die $g_A(Q)$ ersetzen in $U(q)$ die q_A, und wegen $n(U) = -1$ ist

$$n\big(U^*(Q)\big) = -2. \tag{34}$$

Die Hamilton-Funktion der MET (19) ist also in den verallgemeinerten Koordinaten Q eine homogene Funktion der Ordnung -2. Bei einer Transformation, die durch die erzeugende Funktion (28) charakterisiert wird, bleibt die totale zeitliche Ableitung des Virials $\dot{V} = [H, V] = \frac{\mathrm{d}V}{\mathrm{d}t}$ nicht erhalten. Unmittelbar läßt sich dies an dem Beispiel der zuletzt behandelten kanonischen Transformation ablesen. Aufgrund der Struktur von $H(p, q)$ und $H(P, Q)$ erhalten wir $\dot{V}(p, q) = \frac{1}{2}\,\dot{V}(P, Q) = E$. Für Punkttransformationen der Art (28) sind die zeitlichen Ableitungen der Virialausdrücke wie folgt miteinander verknüpft:

$$\dot{V}(p, q) = \dot{V}(P, Q) - \sum_A \left\{ \left(\sum_B q_B \frac{\partial P_A}{\partial q_B} \right) \frac{\partial H}{\partial P_A} - \left(\sum_B q_B \frac{\partial Q_A}{\partial q_B} - Q_A \right) \frac{\partial H}{\partial Q_A} \right\}. \tag{35}$$

Es läßt sich daraus unmittelbar ablesen, daß $\dot{V}(p, q) = \dot{V}(P, Q)$ genau dann gilt, wenn $n\big(Q_A(q)\big) = 1$ und $\frac{\partial P_A}{\partial q_B} = 0$ ist. Diesen Bedingungen wird durch eine erzeugende Funktion

$$\mathcal{F}(q, P) = \sum_A \sum_B a_{AB} q_A P_B$$

genügt, wobei a_{AB} Konstanten sind.

9.3. Thermodynamische Beziehungen, die aus dem Virialtheorem und aus Ähnlichkeitsbetrachtungen folgen

Ohne die Zustandsumme berechnen zu müssen, lassen sich — nach Verfahren, die in der klassischen Mechanik üblich sind — die Zustandsgleichung und die funktionelle Struktur der freien Energie aus dem Virialtheorem und Ähnlichkeitsbetrachtungen für das extreme MET-System ableiten. Dies ist aufgrund der Homogenitätseigenschaften der Hamilton-Funktion (19) möglich. Zugleich sind die größten Abweichungen von „klassischen" Systemen gerade für den Fall der extremen MET-Wolke zu erwarten. In der MET ist die totale zeitliche Ableitung des Virials konstant und gleich der Energie des Systems (in den Koordinaten p und r) [16]

$$\frac{\mathrm{d}}{\mathrm{d}t} V = [H, V] = H = E. \tag{36}$$

Die Voraussetzungen des Virialtheorems der Mechanik sind dadurch eigentlich gebrochen. Der zeitliche Mittelwert von $\dot{V}$ verschwindet für $E \neq 0$ nicht. Das System expandiert in diesem Fall unbegrenzt. Wird die Bewegung durch äußere Einwirkung (Kräfte bzw. feste Wände) auf ein räumliches Gebiet beschränkt, dann muß auch $\overline{\dot{V}} = 0$ werden. Es gilt dann ferner

$$0 = \overline{\frac{\mathrm{d}V}{\mathrm{d}t}} = \overline{\sum_A p_A \frac{\partial H}{\partial p_A}} - \overline{\sum_A r_A \frac{\partial H}{\partial r_A}} - P \oint_S r \,\mathrm{d}S. \tag{37}$$

Der letzte Term beschreibt die Arbeit, die von den auf das System wirkenden äußeren Kräften geleistet wird. Berücksichtigen wir nach dem üblichen Verfahren, daß $H = K(p, r) + U(r)$ und $n_p(K) = 2$, $n_r(K) = 1$ und $n_r(U) = -1$ ist, dann erhalten wir

$$\overline{K} + \overline{U} = E = 3PV. \tag{38}$$

Das bedeutet natürlich nichts anderes, als daß, um ein MET-System mit positiver Energie in einem Volumen A halten zu können, von außen Arbeit geleistet werden muß, die gleich der inneren Energie des Systems ist.

Aus Ähnlichkeitsbetrachtungen läßt sich die grundsätzliche funktionale Abhängigkeit der freien Energie von den Parametern V und T aus der Zustandssumme ableiten, ohne die Integration auszuführen (vgl. [15]). In der Zustandssumme mit der Hamilton-Funktion (19) lassen die Ähnlichkeitstransformationen

$$r \to \lambda r, \qquad p \to \lambda^{-1} p, \qquad T \to \lambda^{-1} T$$

den Exponenten $\big(K(p, r) + U(r)\big)/T$ unverändert. Dabei geht das Volumen V in $\lambda^3 V$ über, während infolge des zueinander inversen Transformationsverhaltens von r und p die Zustandssumme selbst unverändert bleibt: $Z = Z'$.

Die allgemeinste Form der Funktion $Z(V, T)$ mit dieser Eigenschaft ist

$$Z = \varphi(VT^3) \tag{39}$$

wobei $\varphi(X)$ eine willkürliche Funktion ist.

Die freie Energie ist dann ein Ausdruck der Form

$$F = -T \ln Z = T \cdot \psi(VT^3). \tag{40}$$

9.4. Die Berechnung der Zustandssumme und der Zustandsgleichung

Ausgehend von (21) können wir ohne weiteres die Integration über die Impulse ausführen und erhalten

$$Z_N = \frac{1}{(2\pi h^2)^{3N}} \frac{1}{N!} (2\pi T)^{3N/2} \int \cdots \int \exp\left\{-\frac{U(r)}{T}\right\} \Delta^{3/2}(a) \,\mathrm{d}V^N. \tag{41}$$

Die weitere Rechnung konzentriert sich demnach auf das Konfigurationsintegral Q_N:

$$Z_N = \left(\frac{T}{2\pi h^2}\right)^{3N/2} Q_N,$$
$$Q_N = \frac{1}{N!} \int \cdots \int \exp\left\{-\frac{U}{T}\right\} \Delta^{3/2} \,\mathrm{d}^N V. \tag{42}$$

Zunächst betrachten wir den Fall des idealen Gases, d. h., wir vernachlässigen alle Wechselwirkungsterme m_{AB} in Det $A = \Delta(a)$ gegen den Betrag des mittleren kosmischen Gravitationspotentials

$$|m\overline{\Phi}| \sim \sum_{B \neq A} m_{AB} \sim \frac{2\beta f}{c^2} \frac{Nm^2}{R} \sim \frac{2\beta f}{c^2} \frac{Nm^2}{V^{1/3}}.$$

Es ist dann

$$\Delta^{3/2} \sim \left(\frac{2\beta f}{c^2}\right)^{3N/2} \left(\frac{Nm^2}{V^{1/3}}\right)^{3N/2}.$$

Unter Berücksichtigung der Approximation von $N!$ durch die Stirling-Formel erhalten wir

$$Q_N \approx \frac{N^{3N/2}}{N^N} \frac{e^N}{V^{N/2}} e^{-\frac{\overline{U}}{T}} V^N \left(\frac{2\beta f}{c^2} m^2\right)^{3N/2}. \tag{43}$$

Für die Zustandssumme können wir dann schreiben

$$Z_N \approx \left(\frac{T}{2\pi h^2}\right)^{3N/2} e^N N^{N/2} V^{N/2} \left(\frac{2\beta f}{c^2} m^2\right)^{3N/2} e^{-\frac{\overline{U}}{T}}. \tag{44}$$

Daraus finden wir für die freie Energie

$$F = -T \ln Z_N \approx -NT \ln \left[e \left(\frac{T}{2\pi h^2}\right)^{3/2} \left(\frac{2\beta f m^2}{c^2}\right)^{3/2} N^{1/2} V^{1/2}\right] + \overline{U}. \tag{45}$$

Bis auf eine Konstante ist $F = -\frac{NT}{2} \ln (NVT^3) - NT \text{ const } (T^3 V)^{-1/3}$ in der in (40) angegebenen Weise von V und T abhängig. Der Ausdruck (45) läßt sich zusammenfassen zu

$$F = -NT \ln \left[e \left(\frac{m^* T}{2\pi h^2}\right)^{3/2} \frac{V}{N}\right] + \overline{U}, \tag{46}$$

wobei $m^* = m \left(\frac{2\beta f}{c^2} \frac{mN}{V^{1/3}}\right)$ die träge Masse der Teilchen ist. Gleichung (46) stimmt mit der freien Energie für ein klassisches ideales Gas überein, dessen Teilchen konstante träge Massen m^* besitzen, deren Wechselwirkung durch die Newtonsche Gravitation gegeben ist. Mit (44) können wir die Zustandsgleichung ableiten:

$$P = -\left(\frac{\partial F}{\partial V}\right)_T = \frac{1}{V}\left(\frac{NT}{2} - \frac{1}{3} |\overline{U}|\right). \tag{47}$$

Diese unterscheidet sich von dem klassischen Ausdruck durch den Faktor 1/2 vor dem ersten Term. Die innere Energie ist durch

$$E = T^2 \frac{\partial \ln Z}{\partial T} = \frac{3}{2} NT - |\overline{U}| \tag{48}$$

gegeben, und unter Berücksichtigung von (47) erhalten wir daraus

$$3PV = E, \tag{49}$$

die Zustandsgleichung, wie sie bereits aus dem Virialsatz abgeleitet werden konnte (38). Ihre Bedeutung ist bereits diskutiert worden. Formal stimmt (49) mit dem entsprechenden Ausdruck für ein „klassisches“ ultrarelativistisches Gas überein.

Eine analoge Rechnung läßt sich ohne Schwierigkeiten für ein nichtextremes Subsystem der MET mit der Energiefunktion (10) ausführen. Die Matrix A hat in diesem Fall die Gestalt

$$A = (a_{AB}) = \begin{cases} (1 + \sum\limits_{C \neq A} m_{AC})\, \delta_{AB}, & A = B, \\ -m_{AB}, & A \neq B, \end{cases} \tag{50}$$

wobei wegen der Mach-Einstein-Doktrin die Eichung $\frac{2\beta f}{c^2} \sum\limits_A{}' \frac{m_A}{r_{aA}} = 1$ des von den kosmischen Massen induzierten Trägheitsanteils berücksichtigt worden ist. In der Näherung des idealen Gases erhalten wir wieder für Z einen Ausdruck analog zu (45) mit $m^*/m = (1 + 2\beta\Phi_0/c^2)$. Φ_0 ist hier der Betrag des mittleren von der Teilchenkonfiguration des betrachteten Systems selbst erzeugten Gravitationspotentials. Für die Zustandsgleichung folgt die Beziehung

$$PV = NT\left(1 - \frac{1}{2}\left[\frac{\frac{2\beta}{c^2}\,\Phi_0}{1 + \frac{2\beta}{c^2}\,\Phi_0}\right]\right) - \frac{1}{3}\,Nm\Phi_0, \tag{51}$$

die für große $2\beta\Phi_0/c^2 \gg 1$ (extremes MET-System) wieder in den Ausdruck (46) übergeht. Für kleine $2\beta\Phi_0/c^2 \ll 1$ folgt die Zustandsgleichung der Newtonschen Mechanik. Die Abweichung ist von der Ordnung des mittleren lokalen Potentials

$$\frac{3}{c^2}\,\Phi_0 \sim \frac{3f}{c^2}\,\frac{Nm}{V^{1/3}}.$$

Die abgeleiteten Beziehungen wurden unter der Voraussetzung erhalten, daß eine nicht verschwindende Wechselwirkung zwischen den Teilchen besteht. Andernfalls würde die Determinante $\Delta(a)$ unter dem Integral der Zustandssumme ebenfalls verschwinden, und das Konfigurationsintegral wäre identisch gleich Null. Dies hängt damit zusammen, daß erst die Berücksichtigung der (Newtonschen) Wechselwirkung zu von Null verschiedenen trägen Massen der Teilchen in der MET führt und damit eine Aussage über die kinetische Energie des Systems, die für ein ideales Gas in direkter Beziehung zur Temperatur des Systems steht, möglich ist. Der Begriff „ideales Gas“ wird im Rahmen der MET eine Beziehung zwischen der mittleren potentiellen Energie der Wechselwirkung und der Temperatur herstellen müssen. Es läßt sich unschwer erkennen, daß wir zur klassischen Näherung des idealen Gases korrespondierende Ausdrücke erhalten, wenn wir voraussetzen, daß

$$\frac{\overline{U}}{T} \ll 1. \tag{52}$$

In diesem Fall können die Terme $\propto U$ in den Beziehungen (45) bis (48) und $\frac{1}{3}\,Nm\Phi_0$ in (51) gegen die ersten Terme vernachlässigt werden. Die dort erhaltenen Ausdrücke schließen vielmehr eine erste Korrektur zur Näherung des idealen Gases ein.

Wir geben die gleichen Beziehungen in der Näherung des mittleren Potentials unter Berücksichtigung auch des verminderten Phasenraumvolumens $V' = V - V_0$, $V_0 \sim N\varepsilon^3$ infolge des endlichen Volumens der unendlich harten Kugelteilchen an. Es ist in diesem Fall

$$P = T \frac{\partial}{\partial V} \{\ln Q\} = NT \frac{\partial}{\partial V} \left\{\ln \frac{V - V_0}{V^{1/2}} - \frac{\overline{U}}{NT}\right\} \tag{53}$$

mit

$$\frac{\overline{U}}{T} = -\frac{fm^2N^2}{TV^{1/3}},$$

und es folgt endgültig

$$P = \frac{NT}{V} \left\{\frac{1}{2} \frac{V + V_0}{V - V_0} - \frac{Nfm^2}{V^{1/3}}\right\}. \tag{54}$$

Die Gleichung (54) entspricht der Van-der-Waals-Gleichung mit ausschließlich Netwonscher Gravitationswechselwirkung zwischen den Teilchen in der MET. Der Vergleich von (54) mit (45) bis (48) zeigt, daß die dort angegebenen Beziehungen bereits die Näherung eines schwach nicht-idealen Gases (reales Gas) für die Betrachtung großer Volumina beinhalten.

9.5. Zusammenfassung

In Abschnitt 9.2. ist gezeigt worden, daß auf die MET die Betrachtungsweise der statistischen Mechanik übertragen werden kann. Für reale Untersysteme der MET, deren Trägheitseigenschaften überwiegend durch die Wechselwirkung mit den *fernen* kosmischen Massen bestimmt werden, sind die Bedingungen des „molekular-hierarchischen Kosmos“ von Charlier und Lambert hinreichend, um ein kanonisches Ensemble realisieren zu können. Es ergibt sich daraus die für die kanonische Verteilung relevante Energiefunktion (10). Extreme MET-Systeme, deren interne Trägheitseigenschaften überwiegend durch die lokale Teilchenkonfiguration bestimmt werden, können als quasi-isolierte, genügend schwach wechselwirkende, Systeme betrachtet werden. Die Zustandssumme läßt sich in der MET im wesentlichen mit Hilfe der klassischen Ansätze in der gewünschten Näherung berechnen. Eine durch die Induktion der Trägheit bedingte Besonderheit ist, daß in jeder Näherung, einschließlich in der des idealen Gases, die Wechselwirkung zwischen den Teilchen berücksichtigt werden muß. Aus den erhaltenen Beziehungen läßt sich unmittelbar ablesen, in welcher Weise die Mechanik der MET zu Modifikationen der thermodynamischen Gleichungen führt. Die träge Masse bringt eine zusätzliche Abhängigkeit vom Volumenparameter ein, was sich vor allem in der Beziehung des Druckes P zu den anderen Zustandsgrößen bemerkbar macht ($P = -\partial F/\partial V$).

Literatur

[1] TREDER, H.-J.: Relativität der Trägheit. Berlin: Akademie-Verlag 1972.
[2] POINCARÉ, H.: Wissenschaft und Hypothese. Leipzig: B. G. Teubner 1904.
[3] TREDER, H.-J.: Über die Prinzipien der Dynamik von Einstein, Hertz, Mach und Poincaré. Berlin: Akademie-Verlag 1974.

[4] HERTZ, H.: Prinzipien der Mechanik. Leipzig: Johann Ambrosius Barth 1894.
[5] MACH, E.: Die Mechanik in ihrer Entwicklung. Leipzig: Brockhaus Verlag 1883.
[6] EINSTEIN, A.: Zum Relativitätsproblem. Scientia **XV** (1914) 337.
[7] EINSTEIN, A.: Grundlagen der allgemeinen Relativitätstheorie. Leipzig: Johann Ambrosius Barth 1929.
[8] TREDER, H.-J.: Astrofizika **12** (1976) 511.
[9] TREDER, H.-J.; MÜCKET, J. P.: Große kosmische Systeme. Berlin: Akademie-Verlag 1981.
[10] TREDER, H.-J.: Elementare Kosmologie. Berlin: Akademie-Verlag 1975.
[11] MÜCKET, J. P.: Ann. Phys. **40** (1983) 194.
[12] BALESCU, R.: Equilibrium and Nonequilibrium Statistical Mechanics. New York, London, Sydney, Toronto: John Wiley and Sons 1975.
[13] MÜCKET, J. P.: Das Verhalten großer kosmischer Massen in Abhängigkeit von der Entwicklung der Metagalaxis im Rahmen der Mach-Einstein-Doktrin gemäß Treder. Dissertation A. Potsdam 1979.
[14] WHITTAKER, E. A.: Analytische Mechanik der Punkte und starren Körper. Berlin: Springer-Verlag 1924.
[15] LANDAU, L. D.; LIFSCHITZ, E. M.: Statistische Physik. Berlin: Akademie-Verlag 1970.
[16] KREISEL, E.; TREDER, H.-J.: Experimentelle Konsequenzen der trägheitsfreien Mechanik der Mach-Einstein-Doktrin. In: GÖRLICH, P.; ECKHARDT, A.; KUNZE, P. (Hrsg.): Neuere Entwicklung der Physik. Berlin: Dtsch. Verlag d. Wissenschaften 1974.

10. Das Singularitätenproblem in der Hermite-symmetrischen Relativitätstheorie

Von Eckhard Kreisel

10.1. Die Singularitäten der Einstein-Schrödinger-Gleichungen

Das Einsteinsche Programm, die elementaren Teilchen, Proton und Elektron, als singularitätsfreie Lösungen der Gravitationsgleichungen bzw. allgemeinerer unitärer Feldgleichungen zu erhalten, mündete in den Versuch, eine einheitliche Feldtheorie von Gravitation und Elektromagnetismus im Rahmen eines nichtsymmetrischen, metrischen Gesamtfeldes zu realisieren. Als naheliegende Verallgemeinerung der Symmetrie des metrischen Tensors der Allgemeinen Relativitätstheorie führte Einstein dabei das Postulat der Hermite-Symmetrie (bzw. Pseudo-Hermite-Symmetrie) der Feldgrößen $g_{\mu\nu}$ und $\Gamma^{\varrho}_{\mu\nu}$ ein:

$$g_{\mu\nu} = g^{*}_{\nu\mu}, \tag{1}$$

$$\Gamma^{\varrho}_{\mu\nu} = \overset{*}{\Gamma}{}^{\varrho}_{\nu\mu} \tag{2}$$

(* bedeutet das konjugiert Komplexe).

Außerdem sollte die Plus-Minus-Relation

$$g_{\underset{+-}{\mu\nu;\lambda}} \equiv g_{\mu\nu,\lambda} - \Gamma^{\varrho}_{\mu\lambda} g_{\varrho\nu} - \Gamma^{\varrho}_{\lambda\nu} g_{\mu\varrho} = 0 \tag{3}$$

die Christoffelsche Beziehung zwischen dem symmetrischen, metrischen Feld $g^{R}_{\mu\nu}$ der Allgemeinen Relativitätstheorie und der symmetrischen Affiniteät $\left\{ {\varrho \atop \mu\nu} \right\}$ ersetzen:

$$g^{R}_{\mu\nu;\lambda} \equiv g^{R}_{\mu\nu,\lambda} - \left\{ {\varrho \atop \mu\lambda} \right\} g^{R}_{\varrho\nu} - \left\{ {\varrho \atop \nu\lambda} \right\} g^{R}_{\varrho\mu} = 0. \tag{4}$$

(, bedeutet die partielle Ableitung)

Die Hermite-Symmetrie der neuen Affinitäten $\Gamma^{\varrho}_{\mu\nu}$ und die Hermite-Symmetrie der Feldgleichungen sollte sich als Folge der Hermite-Symmetrie der $g_{\mu\nu}$ ergeben. Das elektromagnetische Feld sollte genuin mit dem antisymmetrischen Teil des metrischen Gesamtfeldes verbunden sein, während die Metrik der Raum-Zeit durch den symmetrischen Anteil bestimmt sein sollte [1, 2, 3, 4].

In der folgenden Darstellung werden die folgenden Bezeichnungen und Beziehungen für das komplexe, Hermite-symmetrische Feld $g_{\mu\nu}$ und die komplexe Affinität $\Gamma^{\varrho}_{\mu\nu}$ benutzt:

$$g_{\mu\nu} \equiv g_{\underline{\mu\nu}} + g_{\underset{\vee}{\mu\nu}} \equiv \frac{1}{2}(g_{\mu\nu} + g_{\nu\mu}) + \frac{1}{2}(g_{\mu\nu} - g_{\nu\mu}), \tag{5}$$

$$\Gamma^{\varrho}_{\underline{\mu\nu}} \equiv \Gamma^{\varrho}_{\mu\nu} + \Gamma^{\varrho}_{\underset{\vee}{\mu\nu}} \equiv \frac{1}{2}(\Gamma^{\varrho}_{\mu\nu} + \Gamma^{\varrho}_{\nu\mu}) + \frac{1}{2}(\Gamma^{\varrho}_{\mu\nu} - \Gamma^{\varrho}_{\nu\mu}), \tag{6}$$

$$g \equiv \det(g_{\mu\nu}), \tag{7}$$

$$\mathfrak{g}_{\mu\nu} \equiv \frac{1}{\sqrt{-g}}\, g_{\mu\nu}, \qquad \mathfrak{g}^{\mu\nu} \equiv \sqrt{-g}\, g^{\mu\nu}, \tag{8}$$

$$g^{\mu\nu} g_{\mu\lambda} = \delta_\lambda{}^\nu, \qquad g^{\mu\nu} g_{\lambda\nu} = \delta_\lambda{}^\mu \tag{9}$$

$$(\mu, \nu, \lambda = 0, 1, 2, 3).$$

Der Krümmungstensor $R^{\varrho}_{\mu\nu,\lambda}$ und der Ricci-Tensor $R_{\mu\nu}$ sind gegeben durch

$$R^{\varrho}_{\mu\nu\lambda} \equiv \Gamma^{\varrho}_{\mu\nu,\lambda} - \Gamma^{\varrho}_{\mu\lambda,\nu} + \Gamma^{\sigma}_{\mu\nu}\Gamma^{\varrho}_{\sigma\lambda} - \Gamma^{\sigma}_{\mu\lambda}\Gamma^{\varrho}_{\sigma\nu} \tag{10}$$

und

$$R_{\mu\nu} \equiv R^{\varrho}_{\mu\nu\varrho} = \Gamma^{\varrho}_{\mu\nu,\varrho} - \Gamma^{\varrho}_{\mu\varrho,\nu} + \Gamma^{\sigma}_{\mu\nu}\Gamma^{\varrho}_{\sigma\varrho} - \Gamma^{\sigma}_{\mu\varrho}\Gamma^{\varrho}_{\sigma\nu}. \tag{11}$$

Als Ausgangspunkt für eine detaillierte physikalische Interpretation der Feldgrößen benutzte Einstein die Gleichungen

$$\mathfrak{g}^{\underset{\vee}{\mu\nu}}{}_{,\nu} = 0 \tag{12}$$

des unitären Gleichungssystems, die direkt mit den Invarianzeigenschaften (A-Invarianz) der Theorie verknüpft sind. Entsprechend der Tatsache, daß in der Natur keine magnetischen Monopole beobachtet wurden, identifizierte Einstein $\mathfrak{g}^{\underset{\vee}{\mu\nu}}$ mit der dualen Feldstärke des elektromagnetischen Feldes, so daß (12) gerade den zweiten Satz der Maxwellschen Gleichungen repräsentiert.

Die Untersuchung der Hermite-symmetrischen Feldgleichungen mit dieser Interpretation der Gleichung (12) ergab sowohl für das starke Feldgleichungssystem von Einstein und Straus

$$g_{\underset{+-}{\mu\nu;\lambda}} = 0, \tag{13a}$$

$$\mathfrak{g}^{\underset{\vee}{\mu\nu}}{}_{,\nu} = 0, \tag{13b}$$

$$R_{\mu\nu} = 0 \tag{13c}$$

als auch für das schwache System der Feldgleichungen von Einstein und Schrödinger

$$g_{\underset{+-}{\mu\nu;\lambda}} = 0, \tag{14a}$$

$$\mathfrak{g}^{\underset{\vee}{\mu\nu}}{}_{,\nu} = 0, \tag{14b}$$

$$R_{\mu\nu} = 0, \tag{14c}$$

$$R_{\underset{\vee}{\mu\nu}} = \Phi_{\underset{\vee}{\mu,\nu}} \Leftrightarrow R_{[\underset{\vee}{\mu\nu},\lambda]} = 0 \tag{14d}$$

negative Ergebnisse.

Einstein und Kaufmann [5] wiesen nach, daß das starke System (13) physikalisch nicht akzeptabel ist, und Infeld und Callaway zeigten, daß es zwischen elektrischen Ladungen zu keiner Kraft führt [6, 7].

Für das schwache Feldgleichungssystem (14) wurde die allgemeine Form der Kraft zwischen zwei punktförmigen, geladenen Teilchen von Treder [8] angegeben. Mit der allgemeinen Lösung

$$\underset{\vee}{g}^{\mu\nu} = \frac{1}{2}\,\varepsilon^{\mu\nu\varrho\sigma}(\varphi_{\varrho,\sigma} - \varphi_{\sigma,\varrho}) \tag{15}$$

der Gleichung (14b) erhält man mit der Methode von Einstein, Infeld und Hoffmann [9] bzw. von Papapetrou [10] den folgenden Ausdruck für die Kraft des Teilchens A auf das Teilchen B:

$$\mathcal{F}_{AB} = \frac{c^4}{2f}\left[\frac{k_A k_B}{2|\boldsymbol{r}_{AB}|} - \frac{(k_A\alpha_B + k_B\alpha_A)}{|\boldsymbol{r}_{AB}|^3}\right]\boldsymbol{r}_{AB}, \tag{16}$$

wobei $|\boldsymbol{r}_{AB}|$ der Abstand der beiden Teilchen ist und k_A, k_B, α_A, α_B Konstanten sind, deren Bedeutung erst durch die physikalische Interpretation der Feldgleichungen genauer gegeben wird. Man sieht an (16), daß die Kraft verschwindet, wenn die Konstante k_A Null ist. Das entspricht dem Ergebnis von Infeld und Callaway. Die Konstanten α_A und k_A sind die Integrationskonstanten der Gleichung (14d), deren 1. Näherung für ein schwaches Feld $g_{\mu\nu}$ die Form:

$$-\frac{1}{2}\,\Box\, g_{1[\underset{\vee}{\mu\nu},\lambda]} = 0 \tag{17}$$

hat. Im statischen Fall und bei Lorentz-Eichung erhält man für das Potential $\varphi = \underset{1}{\varphi_0}$, (15), die biharmonische Gleichung

$$\Delta\Delta\varphi = 0 \tag{18}$$

mit der physikalisch relevanten Lösung

$$\varphi = \frac{\alpha_A}{r} + k_A r \tag{19}$$

(r — Radialkoordinate).

Die Bedeutung der Konstanten α_A und k_A ergibt sich daraus, daß die Gleichung (19) die reine Punktsingularität

$$-4\pi\alpha_A\delta(\boldsymbol{r}) \tag{20}$$

in

$$g_{[\underset{\vee}{\mu\nu},\lambda]} \tag{21}$$

und eine Punktsingularität mit der Struktur

$$-4\pi\alpha_A\,\Delta\delta(\boldsymbol{r}) - 8\pi k_A\delta(\boldsymbol{r}) \tag{22}$$

in der Feldgleichung (14d) bedingt.

Damit hat α_A die Bedeutung einer Ladung des mit (21) gebildeten dualen Stromes, und k_A ist die Ladung des mit (14d) gebildeten dualen Stromes. Da die Kraft (16) Null ist, wenn die Ladungen k_A Null sind, und die Ladungen k_A direkt mit der Feldgleichung (14d) verbunden sind, während α_A nicht direkt mit einer Feldgleichung gekoppelt ist, kommt der Ladung k_A die entscheidende Bedeutung zu. Die Ladungen k_A wechselwirken mit einer vom Abstand unabhängigen Kraft. Der zweite Term in (16) hat zwar Coulombsche Form; aber nur, wenn

$$k_A = \alpha_A \tau, \qquad \tau \ll \frac{1}{|\boldsymbol{r}_{AB}|^2} \tag{23}$$

ist, könnte die Kraft $\mathcal{F}_{AB}$ als Coulomb-Kraft interpretiert werden [8]. In einer „fast motion approximation“, die die abstandsunabhängige Kraft vernachlässigt, wurde dieses Ergebnis von Johnson [11] kürzlich wieder erhalten und als Bestätigung für die Inkorporation des Elektromagnetismus in die Hermite-symmetrische Feldtheorie angesehen. Da mit k_A aber wegen (23) auch α_A Null sein muß, ist diese Interpretation nicht akzeptabel. Sie ist es selbst dann nicht, wenn

$$\sum_A k_A = 0 \tag{24}$$

ist und damit die Feldmassen dieser Ladungen nicht divergieren. Denn das entsprechende insulare System müßte wegen (23), (24) immer die Coulombsche Gesamtladung Null haben, unabhängig davon, ob man den dualen Strom von (21) oder (22) zur Definition des elektrischen Stromes zugrunde legt.

Die von Treder aus den Hermite-symmetrischen Gleichungen von Einstein und Schrödinger im Jahre 1957 hergeleitete abstandsunabhängige Kraft (16) erschien damals vollkommen unphysikalisch und war ein starkes Argument gegen diese Gleichungen.

Außerdem hatte Bonnor [12] bewiesen, daß statische kugelsymmetrische Lösungen der Gleichungen (14) nur dann existieren, wenn man singuläre Quellen in (14c) und (14d) zuläßt. Da die unitären Feldgleichungen (14) auch für makroskopische Felder anwendbar sein müssen, ist die Existenz solcher Lösungen aber eine unverzichtbare Forderung an die Theorie.

Die ursprüngliche Intuition Einsteins, eine Beschreibung von elementaren Teilchen als Lösungen im Rahmen einer unitären Theorie von Gravitation und Elektromagnetismus zu erhalten, erschien damit ohne Einführung von Singularitäten kaum realisierbar. Es gab keine Hinweise dafür, daß das elektromagnetische Feld überhaupt in der Theorie enthalten ist.

Die Vorstellung, $\underset{\vee}{g}_{\mu\nu}$ bzw. $g^{\underset{\vee}{\mu\nu}}$ irgendwie mit dem elektromagnetischen Feld in Verbindung zu bringen, stößt für das freie elektromagnetische Feld auf eine prinzipielle Schwierigkeit. Denn es sollte in Gebieten, in denen sich keine elektrischen Ladungen befinden, ein Beitrag des Maxwellschen Energie-Impuls-Tensors in der Gleichung (14c) sichtbar werden, da (14c) die Verallgemeinerung der Einsteinschen Gleichungen für das Gravitationsfeld, das mit den symmetrischen Tensoren $g_{\underline{\mu\nu}}$ bzw. $g^{\underline{\mu\nu}}$ zusammenhängen muß, ist. Aber die $+-$-Relation (14a) bestimmt die Hermite-symmetrische Affinität $\Gamma^{\varrho}_{\mu\nu}$ eindeutig, wobei $\Gamma^{\varrho}_{\mu\nu}$ homogen von den Ableitungen $g_{\mu\nu,\lambda}$ des Feldes $g_{\mu\nu}$ und von $g_{\mu\nu}$ selbst abhängt. Deshalb können in $R_{\mu\nu}$ entsprechend (11) die $\underset{\vee}{g}_{\mu\nu}$ bzw. $\underset{\vee}{g}_{\mu\nu}$ immer nur mit Ableitungen von $g_{\underline{\mu\nu}}$ bzw. $g_{\underset{\vee}{\mu\nu}}$ gekoppelt auftreten. Der Maxwell-Tensor des elektromagnetischen Feldes $F_{\mu\nu}$ hat aber die Form

$$-g^{R_{\nu\beta}} F^{\alpha\mu} F_{\alpha\beta} + \frac{1}{4}\, g^{R_{\mu\nu}} F_{\alpha\beta} F^{\alpha\beta}, \tag{25}$$

so daß es zunächst nicht möglich ist, einen zu (25) analogen Term, der von $g_{\mu\nu}$ und $g^{\underset{\vee}{\mu\nu}}$ abhängt, in (14b) zu bekommen.

Um die Schwierigkeiten bei der Einbeziehung des elektromagnetischen Feldes in die Hermite-symmetrische Relativitätstheorie zu beheben, wurde von Bonnor [13] vorgeschlagen, zur Einsteinschen Lagrange-Dichte der Gleichungen (14)

$$\mathcal{L}_{\mathrm{E}} = \mathfrak{g}^{\mu\nu} R_{\mu\nu} \tag{26}$$

den Zusatzterm

$$\mathcal{L}_{\mathrm{B}} = -p^2 \mathfrak{g}^{\underset{\vee}{\mu\nu}} g_{\underset{\vee}{\mu\nu}} \tag{27}$$

zu addieren. Man erhält durch Variation des Wirkungsintegrals nach $\mathfrak{g}^{\mu\nu}$ dann an Stelle von (14c) und (14d) die Gleichungen

$$R_{\underline{\mu\nu}} = -\frac{p^2}{2}\left(g_{\mu\alpha} g^{\underset{\vee}{\alpha\beta}} g_{\beta\nu} + g_{\nu\alpha} g^{\underset{\vee}{\alpha\beta}} g_{\beta\mu}\right) - \frac{p^2}{2} g_{\mu\nu} g_{\alpha\beta} g^{\underset{\vee}{\alpha\beta}}, \tag{28}$$

$$R_{\underset{\vee}{\mu\nu}} = -\frac{p^2}{2}\left(g_{\mu\alpha} g^{\underset{\vee}{\alpha\beta}} g_{\beta\nu} - g_{\nu\alpha} g^{\underset{\vee}{\alpha\beta}} g_{\beta\mu}\right) - \frac{p^2}{2}\left(g_{\underset{\vee}{\mu\nu}} g_{\underset{\vee}{\alpha\beta}} g^{\underset{\vee}{\alpha\beta}} + 2 g_{\underset{\vee}{\mu\nu}}\right), \tag{29}$$

die in (28) einen Maxwellschen Tensor enthalten. Der Zusatzterm (27) erscheint jedoch künstlich; konsequenter wäre ein kosmologisches Glied, das aber in (14c), (14d) nur den additiven Term

$$p^2 g_{\mu\nu} \tag{30}$$

erzeugen würde und die Einstein-Schrödinger-Gleichungen (14) in die Gleichungen der Schrödingerschen rein affinen Theorie verwandeln würde. Der Term $p^2 g_{\underset{\vee}{\mu\nu}}$, der damit in (14d) eingeführt wird und auch in (29) auftritt, ist jedoch problematisch. Unabhängig davon ist man vom ursprünglichen unitären Gesichtspunkt Einsteins mit der Einführung von (27) in die Theorie, die doch nur auf dem Krümmungstensor und seinen Kontraktionen beruhen sollte, weit entfernt, da ohne dieses Auswahlprinzip eine große Vielfalt von Zusatztermen zur Einsteinschen Lagrange-Funktion zur Verfügung steht.

Wir werden jedoch später sehen, daß ein Analogon des Maxwell-Tensors in den Einstein-Schrödinger-Gleichungen enthalten ist, wenn man nur berücksichtigt, daß in der Hermite-symmetrischen Feldtheorie Induktions- und Feldstärketensor nicht auf die gleiche Weise wie in der Maxwellschen Theorie zusammenhängen müssen.

10.2. Die physikalische Interpretation der Singularitäten der Gleichung (14d)

Eine physikalische Interpretation der Punktsingularitäten der Gleichung (14d) wurde) 1980 von Treder gegeben [14, 15]. Erst durch diese Interpretation, die die physikalisch so merkwürdige, vom Abstand unabhängige Kraft (16) als Kraft zwischen Quark-Ladungen k_A deutet, indem die Bedingung (24) als Confinement-Bedingung eingeführt wird, wurde es physikalisch wieder sinnvoll, die Hermite-symmetrischen Gleichungen von Einstein und Schrödinger erneut als unitäre Feldtheorie in Betracht zu ziehen. Von entscheidender Bedeutung für diese Interpretation ist es, die Gleichungen (14d) in der Form

$$R_{[\underset{\vee}{\mu\nu},\lambda]} = 0 \tag{31}$$

zu benutzen, denn das Einsetzen von Punktsingularitäten in die integrierte Gleichung

$$R_{\underset{\vee}{\mu\nu}} - \Phi_{\underset{\vee}{\mu,\nu}} = 0, \tag{32}$$

das dem Einführen eines speziellen nichtsymmetrischen Materietensors entspräche, führt nicht zu Ladungen in (31) und nicht zur Ausschöpfung der Möglichkeiten der biharmonischen Gleichung 4. Ordnung (18). Es ist hier konzeptionell von Bedeutung, daß gemäß (12) und (15) nicht $g^{\underset{\vee}{\mu\nu}}$, sondern das Vektorfeld φ_ϱ als eigentliche Feldvariable aufgefaßt wird. Dann ist (31) die zugehörige Feldgleichung, in der auch die Punktsingularitäten eingeführt werden sollten, und nicht (32). Natürlich kann man auch direkt in (32) etwas artifizielle Stringmaterie einführen. Die Gleichungen (18), (19) und (16) zeigen, daß das Confinement-Potential

$$\varphi = k_A r \tag{33}$$

sensitiv mit der masselosen biharmonischen Gleichung (18) zusammenhängt. Aus diesem Grunde ist der Zusatzterm $p^2 g_{\underset{\vee}{\mu\nu}}$ in (29) (ebenso der kosmologische Term) problematisch, da mit ihm in 1. Näherung Gleichung (17) abgeändert würde zu

$$-\frac{1}{2}\,\Box\, g_{1[\underset{\vee}{\mu\nu},\lambda]} = p^2 g_{1[\underset{\vee}{\mu\nu},\lambda]}. \tag{34}$$

Das würde bedeuten, daß sich an Stelle von (18) die Gleichung

$$\Delta(\Delta - 2p^2)\,\varphi = 0 \tag{35}$$

ergeben würde, deren Lösung als Summe von den Lösungen der zwei Gleichungen 2. Ordnung

$$\Delta\varphi_{\mathrm{I}} = 0, \qquad (\Delta - 2p^2)\,\varphi_{\mathrm{II}} = 0, \qquad \varphi = \varphi_{\mathrm{I}} + \varphi_{\mathrm{II}}, \tag{36}$$

nicht das Confinement-Potential (33), sondern ein Yukawa-Potential und ein Coulombartiges Potential liefern würde. Die Quarkladungen wären nicht mehr in der Theorie enthalten. Die Ergebnisse von Treder wurden aber durch strenge Lösungen von Antoci [16, 17] bestätigt. Die Lösung für Quarkladungen, die im Minkowski-Raum längs der z-Achse positioniert sind, hat die Form

$$g_{\mu\nu} = \begin{pmatrix} -1 & 0 & \delta & 0 \\ 0 & -1 & \varepsilon & 0 \\ -\delta & -\varepsilon & \zeta & 0 \\ 0 & 0 & 0 & 1 \end{pmatrix} \tag{37}$$

mit

$$\zeta = -r^2 + \delta^2 + \varepsilon^2. \tag{38}$$

Dabei hängen die Funktionen δ und ε von der Radialkoordinate r und der z-Koordinate ab und sind durch die folgenden Beziehungen definiert:

$$\delta = \mathrm{i} r^2 \psi_{,r} \qquad \varepsilon = \mathrm{i} r^2 \psi_{,z}. \tag{39}$$

Dabei ist ψ eine Lösung der Laplace-Gleichung und hat die Gestalt

$$\psi = -\sum_{q=1}^{n} k_q \ln \frac{p_q + z - z_q}{r}, \tag{40}$$

$$p_q = [r^2 + (z - z_q)^2]^{1/2}. \tag{41}$$

Durch Übergang zu kartesischen Koordinaten sieht man, daß $g_{\underline{\mu\nu}}$ Minkowskische Werte im räumlich Unendlichen annimmt und $g_{\mu\nu}$ dort Null wird, wenn die Confinement-Bedingung (24) für die Quarkladungen k_q erfüllt ist. Für eine einzelne Ladung hat man ein unphysikalisches Verhalten von $g_{\mu\nu}$ im Unendlichen. Die Ladungen der Quarks sind jedoch nicht durch das Oberflächenintegral

$$k_q = -\frac{1}{8\pi i} \oint_{\Sigma_q} R_{\mu\nu}\, df^{\mu\nu} \tag{42}$$

über die Oberfläche Σ_q, die allein die q-te Singularität von ψ umschließt, gegeben, wie es die Interpretation von $R_{[\check{\mu\nu},\lambda]}$ als das Duale des Quarkstroms verlangt [25].

Die Kräfte zwischen den Coulorladungen der Quarks folgen aus einer Verallgemeinerung der Bedingung der elementaren Flachheit [18]. Es wird gefordert, daß die übrigen Ladungen jeweils an der Stelle einer herausgegriffenen Ladung k_q keine Sprünge in den Feldfunktionen $g_{\mu\nu}$ hervorrufen sollen. Solche Sprünge treten z. B. in der Lösung (37) in (38) auf, wenn nicht

$$\sum_{q' \neq q}^{n} k_{q'} \frac{(z_q - z_{q'})}{|z_q - z_{q'}|} = 0 \tag{43}$$

ist. Die Gleichung (43) ist offensichtlich die Gleichgewichtsbedingung für n Coulorladungen k_q, die mit Treders Kraft (16) ($\alpha_A = 0$) aufeinander wirken.

10.3. Das Problem elektrischer Ladungen

Von Antoci wurden noch weitere wesentlich allgemeinere strenge Lösungen der Einstein-Schrödinger-Gleichungen (14) angegeben. Es handelt sich um Verallgemeinerungen der Weyl-Levi-Civita-Klasse von Vakuumlösungen der Allgemeinen Relativitätstheorie [17, 19]. Das allgemeine Konstruktionsprinzip für diese Lösungen verändert eine Vakuumlösung der Allgemeinen Relativitätstheorie, indem die Determinante dieser Metrik festgehalten wird, durch Multiplikation mit freien Funktionen und Addition von Reihen und Spalten der Vakuummetrik zu einem Ansatz für die neue Metrik, die nun einen unsymmetrischen Anteil besitzt. Es zeigt sich, daß sich für diesen Ansatz die Einstein-Schrödinger-Gleichungen wesentlich reduzieren, weil die Ausgangsmetrik die Vakuumgleichungen der Allgemeinen Relativitätstheorie erfüllt. Die tieferen Gründe für den Erfolg dieses Verfahrens sind zur Zeit noch unaufgeklärt [20].

Ein Spezialfall dieser strengen Lösungen ist die kugelsymmetrische, statische Lösung von Papapetrou [21]:

$$g_{\mu\nu} = \begin{pmatrix} -\left(1-\frac{2m}{r}\right)^{-1} & 0 & 0 & \pm\mathrm{i}\,\frac{e^2}{r^2} \\ 0 & -r^2 & 0 & 0 \\ 0 & 0 & -r^2\sin^2\theta & 0 \\ \mp\mathrm{i}\,\frac{e^2}{r^2} & 0 & 0 & \left(1-\frac{e^4}{r^4}\right)\left(1-\frac{2m}{r}\right) \end{pmatrix}. \tag{44}$$

Es sind auch Lösungen mit n längs der z-Achse positionierten Singularitäten möglich. Wenn man als Ausgangsmetrik für das Konstruktionsprinzip den Minkowski-Raum wählt, erhält man die besonders einfache, strenge Lösung

$$g_{\mu\nu} = \begin{pmatrix} -1 & 0 & 0 & a \\ 0 & -1 & 0 & b \\ 0 & 0 & -1 & c \\ -a & -b & -c & d \end{pmatrix} \tag{45}$$

mit

$$d = 1 + a^2 + b^2 + c^2. \tag{46}$$

Dabei sind die Funktionen a, b, c gegeben durch

$$a = \mathrm{i}\chi_{,x}, \qquad b = \mathrm{i}\chi_{,y}, \qquad c = \mathrm{i}\chi_{,z}, \tag{47}$$

und χ ist die von den kartesischen Koordinaten x, y, z abhängige Lösung der Laplace-Gleichung in der Form des allgemeinen Coulomb-Potentials

$$\chi = -\sum_{q=1}^{n} \frac{e_q}{p_q}, \qquad p_q = [(x-x_q)^2 + (y-y_q)^2 + (z-z_q)^2]^{1/2}. \tag{48}$$

Die Lösungen (44) und (45) entwickeln allerdings Singularitäten in der Gleichung (14b). Die bisher betrachteten Lösungen führten zu Singularitäten in den Gleichungen (14c) und (14d). Diese Singularitäten erschienen für Polteilchen als unvermeidlich und waren auch nicht problematisch, da man sich vorstellen konnte, in (14c) und (14d) eine Hermite-symmetrische, δ-artige Quelle durch einen unsymmetrischen Materietensor zu modellieren:

$$T_{\mu\nu} = T_{\underline{\mu\nu}} + \mathrm{i}T_{\underset{\vee}{\mu\nu}}, \tag{49}$$

wobei $T_{\underline{\mu\nu}}$ und $T_{\underset{\vee}{\mu\nu}}$ rein reell sind und durch ihren Symmetriecharakter die Hermite-Symmetrie garantieren.

Singularitäten in der Gleichung (14b) zwingen aber zu einer Abänderung der $+-$-Relation (14a), da (14b) in der Eichung

$$\Gamma_\mu = \Gamma^{\varrho}_{\underset{\vee}{\mu\varrho}} = 0 \tag{50}$$

einer Folge der $+-$-Relation ist. Damit wird dann die Hermite-Symmetrie von $R_{\mu\nu}$ problematisch, die außer auf (50) auch wesentlich auf

$$\Gamma^{\varrho}_{\mu\varrho} = (\ln g)_{,\mu} \tag{51}$$

basiert, weil

$$R^*_{\nu\mu} = R_{\mu\nu} - 2\Gamma^\lambda_{\mu\nu}\Gamma_\lambda + \Gamma^\varrho_{\underline{\mu\varrho},\nu} - \Gamma^\varrho_{\underline{\nu\varrho},\mu} + 2\Gamma_{\underline{\mu,\nu}} \tag{52}$$

ist, wobei die Hermite-Symmetrie von $\Gamma^\varrho_{\mu\nu}$ auf Grund von (14a) schon gegeben ist.

Die Singularitäten der Gleichung (14b) verhalten sich für die durch die Gleichungen (45), (46), (47), (48) gegebene strenge Lösung von (14) nun allerdings wie statische, elektrische Ladungen. Die „No-jump"-Bedingung für (46) ergibt

$$\sum_{q' \neq q} e_{q'} \frac{(x_q - x_{q'})}{r^3_{qq'}} = \sum_{q' \neq q} e_{q'} \frac{(y_q - y_{q'})}{r^3_{qq'}} = \sum_{q' \neq q} e_{q'} \frac{(z_q - z_{q'})}{r^3_{qq'}} = 0, \tag{53}$$

wobei

$$r_{qq'} = [(x_q - x_{q'})^2 + (y_q - y_{q'})^2 + (z_q - z_{q'})^2]^{1/2} \tag{54}$$

ist. Ebenso weisen allgemeinere strenge Lösungen mit Singularitäten in (14b) und deren Kraftwirkung aufeinander darauf hin, daß δ-artige Quellen der Form

$$\boldsymbol{j}^\mu = \boldsymbol{g}^{\underset{\vee}{\mu\nu}}_{,\nu} \tag{55}$$

als elektrische Stromdichten zu interpretieren sind [18].

Die Möglichkeit, elektrische Ladungen als Punktsingularitäten der Gleichung (14b) einzuführen, sollte also ernsthaft in Betracht gezogen werden. In der Tat läßt sich eine Lagrange-Funktion konstruieren, die bei Einsteinschen A-Transformationen der Affinität

$$\overset{A}{\Gamma}{}^\varrho_{\mu\nu} \equiv \Gamma^\varrho_{\mu\nu} + \delta_\mu{}^\varrho A_\nu \tag{56}$$

invariant ist und zu Hermite-symmetrischen Feldgleichungen führt [22]. Man muß dazu außer dem Ricci-Tensor (11) auch die zweite mögliche Kontraktion des Krümmungstensors (10)

$$P_{\mu\nu} \equiv R^\varrho_{\varrho\mu\nu} = \Gamma^\varrho_{\varrho\mu,\nu} - \Gamma^\varrho_{\varrho,\mu\nu} \tag{57}$$

benutzen. Mit dem Tensor

$$H_{\mu\nu} \equiv R_{\mu\nu} + \frac{1}{2} P_{\mu\nu} + \frac{2}{3} (\Gamma_{\mu,\nu} - \Gamma_{\nu,\mu}) \tag{58}$$

erhält man die A-invariante Lagrange-Dichte [22]

$$\mathcal{H} = \boldsymbol{g}^{\mu\nu} H_{\mu\nu}. \tag{59}$$

Die Variation des Wirkungsintegrals von (59) nach $g^{\mu\nu}$ und $\Gamma^\varrho_{\mu\nu}$ ergibt die Feldgleichungen

$$H_{\underline{\mu\nu}} = R_{\underline{\mu\nu}} = 0, \tag{60}$$

$$H_{\underset{\vee}{\mu\nu}} \equiv R_{\underset{\vee}{\mu\nu}} + \frac{1}{2} P_{\mu\nu} + \frac{2}{3} (\Gamma_{\mu,\nu} - \Gamma_{\nu,\mu}) = 0, \tag{61}$$

$$\boldsymbol{g}^{\mu\nu}_{,\varrho} + \boldsymbol{g}^{\alpha\nu}\Gamma^\mu_{\alpha\varrho} + \boldsymbol{g}^{\mu\alpha}\Gamma^\nu_{\varrho\alpha} - \boldsymbol{g}^{\mu\nu}\Gamma^\sigma_{\underline{\varrho\sigma}} = \frac{1}{3} (\boldsymbol{g}^{\underset{\vee}{\mu\sigma}}_{,\sigma}\delta_\varrho{}^\nu - \delta_\varrho{}^\mu \boldsymbol{g}^{\underset{\vee}{\nu\sigma}}_{,\sigma}) + \boldsymbol{g}^{\mu\nu}\Gamma_\varrho - \frac{2}{3}\delta_\varrho{}^\nu \boldsymbol{g}^{\mu\alpha}\Gamma_\alpha. \tag{62}$$

Da (59) im Gegensatz zur Einsteinschen Lagrange-Dichte (26) selbst A-invariant ist, fällt hier die Bedingung (14b) weg. Bildet man mit (62) $\mathfrak{g}^{\mu\nu}_{\vee,\nu}$, so ergibt die in der $+-$-Relation auf der rechten Seite von (62) auftretende Quelle identisch denselben Ausdruck wie die linke Seite. Die Einsteinsche Forderung, daß die Hermite-Symmetrie von $g_{\mu\nu}$ über die Feldgleichungen zwangsläufig zur Hermite-Symmetrie der Affinität $\Gamma^\varrho_{\mu\nu}$ und in der Eichung $\Gamma_\varrho = 0$ auch zur Hermite-Symmetrie von $H_{\mu\nu}$ führt, ist erfüllt. Mit (50) wird (62) zu einer Hermite-symmetrischen Gleichung für $\Gamma^\varrho_{\mu\nu}$, und mit

$$\Gamma^\varrho_{\mu\nu} = \overset{*}{\Gamma}{}^\varrho_{\nu\mu} \tag{63}$$

folgt für (58), mit (63) und dem analogen Ausdruck, gebildet mit $\overset{*}{\Gamma}{}^\varrho_{\nu\mu}$,

$$H^*_{\nu\mu}(\overset{*}{\Gamma}{}^\alpha_{\beta\gamma}) = H_{\mu\nu} - 2\Gamma^\lambda_{\mu\nu}\Gamma_\lambda + \Gamma_{\mu,\nu} + \Gamma_{\nu,\mu}, \tag{64}$$

also ebenfalls die Hermite-Symmetrie, wenn $\Gamma_\mu = 0$ ist. Einsteins Intuition, daß die Hermite-Symmetrie physikalisch der Symmetrie gegenüber der Änderung des Vorzeichens der elektrischen Ladung entspricht, impliziert, daß mit

$$\delta \int \mathcal{L}(g^{\mu\nu}, \Gamma^\varrho_{\alpha\beta})\, \mathrm{d}^4x = 0 \tag{65}$$

auch das Wirkungsprinzip

$$\delta \int \mathcal{L}(\overset{*}{g}{}^{\mu\nu}, \overset{*}{\Gamma}{}^\varrho_{\alpha\beta})\, \mathrm{d}^4x = 0 \tag{66}$$

erfüllt sein muß, weil mit $g^{\mu\nu}$ und $\Gamma^\varrho_{\mu\nu}$ auch $\overset{*}{\Gamma}{}^\varrho_{\mu\nu}$ und $g^{*\mu\nu}$ einer physikalischen Situation entsprechen. Für die Lagrange-Dichte $\mathcal{H}$ gelten die Beziehungen (65), (66) automatisch als zueinander komplex-konjugierte Gleichungen. Das Feldgleichungssystem (60), (61), (62) ist in der Eichung $\Gamma_\varrho = 0$ analog zu dem Einsteinschen System I a in Ref. [3] für die reelle pseudo-Hermite-symmetrische Fassung der unitären Theorie. Einstein hatte diese Gleichungen jedoch verworfen, weil seine Lagrange-Dichte

$$\mathcal{L}_\mathrm{E} = \frac{1}{2}\, \mathfrak{g}^{\mu\nu}\{R_{\mu\nu}(\Gamma^\alpha_{\beta\gamma}) + R_{\nu\mu}(\tilde{\Gamma}^\alpha_{\beta\gamma})\} \tag{67}$$

bei unabhängiger Variation nach $g^{\mu\nu}$ und $\Gamma^\varrho_{\mu\nu}$ sowie nach $g^{\nu\mu}$ und der transponierten Affinität $\tilde{\Gamma}^\varrho_{\mu\nu}$ zum Einstein-Strausschen System (13) zurückführt. Man muß in (67) schon die pseudo-Hermite-Symmetrie der $\Gamma^\varrho_{\mu\nu}$ voraussetzen, um zu den I a-Gleichungen zu kommen.

Die Gleichungen (62) für die $\Gamma^\varrho_{\mu\nu}$ zerlegen wir mit dem Ansatz

$$\Gamma^\varrho_{\mu\nu} = \mathring{\Gamma}^\varrho_{\mu\nu} + \gamma^\varrho_{\mu\nu} \tag{68}$$

in einen freien und einen gestörten Anteil. In der Eichung $\Gamma_\varrho = 0$ spalten wir die Gleichungen auf in

$$\mathfrak{g}^{\mu\nu}_{,\sigma} + \mathfrak{g}^{\alpha\nu}\mathring{\Gamma}^\mu_{\alpha\varrho} + \mathfrak{g}^{\mu\alpha}\mathring{\Gamma}^\nu_{\varrho\alpha} - \mathfrak{g}^{\mu\nu}\mathring{\Gamma}^\sigma_{\underline{\varrho\sigma}} = 0 \tag{69}$$

und

$$\mathfrak{g}^{\alpha\nu}\gamma^\mu_{\alpha\varrho} + \mathfrak{g}^{\mu\alpha}\gamma^\nu_{\varrho\alpha} - \mathfrak{g}^{\mu\nu}\gamma^\sigma_{\varrho\sigma} = \frac{1}{3}\,(\mathfrak{g}^{\mu\sigma}_{\vee\,,\sigma}\delta_\varrho{}^\nu - \delta_\varrho{}^\nu - \delta_\varrho{}^\mu\mathfrak{g}^{\nu\sigma}_{\vee\,,\sigma}), \tag{70}$$

so daß nur die Gleichung (70) zu lösen bleibt, wenn für eine spezielle Form von $\mathfrak{g}^{\mu\nu}$ die $+-$-Relation schon gelöst ist. Wenn man den Ansatz

$$\gamma^\mu_{\alpha\varrho} = A_\varrho\delta_\alpha{}^\mu + B_\alpha\delta_\varrho{}^\mu + C^\mu g_{\alpha\varrho} \tag{71}$$

in die Gleichung (70) einsetzt, kann man nach Umformungen und Kontraktionen die Koeffizienten A_ϱ, B_ϱ und C^μ bestimmen. Es ergibt sich als Lösung von (70) für $\gamma^\mu_{\alpha\varrho}$

$$\gamma^\mu_{\alpha\varrho} = \frac{1}{3}\, \mathfrak{g}^{\nu\sigma}_{\vee\,,\sigma}(\delta_\alpha{}^\mu \mathfrak{g}_{\nu\varrho} - \delta_\varrho{}^\mu \mathfrak{g}_{\alpha\nu}) + \mathcal{D}^\nu(\delta_\nu{}^\mu \mathfrak{g}_{\alpha\varrho} - \delta_\alpha{}^\mu \mathfrak{g}_{\nu\varrho} - \delta_\varrho{}^\mu \mathfrak{g}_{\alpha\nu}), \tag{72}$$

wobei $\mathcal{D}^\nu$ gegeben ist durch

$$\mathcal{D}^\nu = \frac{1}{2}\, \mathfrak{g}^{\mu\sigma}_{\vee\,,\sigma} \mathfrak{g}_{\underset{\vee}{\mu\beta}} h^{\underline{\beta\nu}}, \tag{73}$$

$$h^{\underline{\beta\nu}} g_{\underline{\beta\lambda}} = \delta_\lambda{}^\nu . \tag{74}$$

Indem man die Zerlegung (68), (72) in die Feldgleichungen (60), (61) einführt, kann man im Prinzip, sehen welche Quellen der Ricci-Tensor des Feldes $\mathring{\Gamma}^\varrho_{\mu\nu}$ durch die Anwesenheit des elektrischen Stromes (55) als effektiven Materietensor erhält. Man kann also verfolgen, welche Konsequenzen die Einführung von Singularitäten in der Gleichung (14b) der Einstein-Schrödingerschen Vakuumgleichungen für die übrigen Gleichungen (14c), (14d) hat, wenn die A-Invarianz und Hermite-Symmetrie des Gesamtsystems der Gleichungen erhalten bleiben sollen.

10.4. Die Übermacht des Einstein-Schrödinger-Vakuums

Die Untersuchung des Einstein-Schrödinger-Systems, seiner strengen Lösungen und der Kräfte zwischen Punktsingularitäten hat in der Endkonsequenz dazu geführt, in allen Gleichungen des Systems Singularitäten zuzulassen. Damit ist man auf den ersten Blick weit von der Einsteinschen Ausgangsidee einer unitären Feldtheorie mit singularitätsfreien Lösungen entfernt. Die Situation ist aber nicht ganz so schlecht, wenn man sich auf δ-artige Singularitäten (reine Polteilchen) beschränkt, deren Bewegung ja vollkommen durch das Einstein-Schrödinger-Vakuum bestimmt ist. Die Struktur der Einstein-Schrödinger-Gleichungen (14b), (14d) mit ihren zwei geschlossenen 2-Formen

$$R_{\underset{\vee}{\mu\nu}} \to R_{\underset{\vee}{[\mu\nu},\lambda]} = 0, \tag{75}$$

$$g^D_{\underset{\vee}{\mu\nu}} \equiv \frac{1}{2}\, \varepsilon_{\mu\nu\varrho\sigma} \mathfrak{g}^{\varrho\sigma}_{\vee} \to g^D_{\underset{\vee}{[\mu\nu},\lambda]} = 0 \tag{76}$$

erlaubt es gerade, ihre Ladungen in Räumen mit Wurmloch-Topologie [23] bei überall regulären Lösungen zu erhalten. Man sieht, daß ein Wurmloch sowohl elektrische Ladung (76) als auch Coulorladung (75) tragen kann, es müssen nur gleichzeitig die beiden 2-Formen $g^D_{\underset{\vee}{\mu\nu}}$ und $R_{\underset{\vee}{\mu\nu}}$ global keine abgeleiteten Formen sein. Die Einführung des Wurmlochs in den dreidimensionalen Raum euklidischer Topologie kann gleichzeitig die δ-Singularitäten von (14b) und (14d) eliminieren. Die Konsequenzen, die die Wurmloch-Topologie auf die durch Singularitäten von (75) und (76) in den Gleichungen (14a) und (14c) induzierten Quellen hat, sind nicht so leicht zu überblicken. Natürlich verschwinden diese Quellen, wenn die Ströme (75) und (76) Null sind, aber die Frage, ob Oberflächenintegrale existieren, die die Rolle der Quellen übernehmen, ist nicht trivial.

Die topologische Interpretation der Singularitäten der Gleichungen (14) wird durch die Dominanz des Einstein-Schrödinger-Vakuums nahegelegt. Die Gleichungen (60), (61), (62) gehen für $\boldsymbol{g}^{\check{\mu\nu}}_{,\nu} = 0$ in das Einstein-Straussche System (13) über. Man kommt jedoch mit (59) zu einem System mit der Feldgleichung

$$H_{[\check{\mu\nu},\lambda]} = 0 \Leftrightarrow H_{\check{\mu\nu}} = \Phi_{\check{\mu,\nu}}, \tag{77}$$

wenn man für $\boldsymbol{g}^{\mu\nu}_{\nu}$ nur Variationen der Form

$$\delta\boldsymbol{g}^{\check{\mu\nu}} = \varepsilon^{\mu\nu\varrho\sigma}\delta\varphi_{\varrho,\sigma} \tag{78}$$

im Variationsprinzip zuläßt. Das ist etwas weniger, als generell (15) für die Funktionen $\boldsymbol{g}^{\check{\mu\nu}}$ zu fordern, betont aber, daß die freien Variationen diejenigen des Einstein-Schrödinger-Vakuums sein müssen, und führt im Grenzfall $\boldsymbol{g}^{\check{\mu\nu}}_{,\nu} = 0$ zum Einstein-Schrödinger-System. In diesem Sinne ist also im folgenden die Gleichung (61) durch die Gleichung (77) zu ersetzen. Auch das Einführen eines phänomenologischen Stromes Q_μ in der Gleichung (14d) würde einen Zusatzterm

$$Z = \varepsilon^{\mu\nu\varrho\sigma}Q_\varrho\varphi_\sigma \tag{79}$$

in der Lagrange-Dichte erfordern, der mit der Kopplung an φ_σ wieder das Einstein-Schrödinger-Vakuum voraussetzt (14). Es hat also mehr technisch-vorläufigen Charakter, δ-Singularitäten in (14) einzuführen, ist aber für das Studium von Kräften und die Gewinnung von Lösungen von Vorteil.

Für die Kräfte, mit denen die Singularitäten aufeinanderwirken, sind die Identitäten, die die Feldgleichungen erfüllen, maßgebend. Bei infinitesimalen Koordinatentransformationen

$$\overline{x^\mu} = x^\mu + \zeta^\mu(x^\alpha) \tag{80}$$

erhalten wir für die Lagrange-Dichte (59)

$$\delta \int \mathcal{H}\, \mathrm{d}^4x = \int \delta\boldsymbol{g}^{\mu\nu}H_{\mu\nu}\, \mathrm{d}^4x + \int \frac{\delta H_{\mu\nu}}{\delta\Gamma^\beta_{\varrho\alpha}}\, \boldsymbol{g}^{\mu\nu}\delta\Gamma^\beta_{\varrho\alpha}\, \mathrm{d}^4x. \tag{81}$$

Und mit der Feldgleichung (62) sowie der Variation von $\boldsymbol{g}^{\mu\nu}$

$$\delta\boldsymbol{g}^{\mu\nu} = \boldsymbol{g}^{\mu\varrho}\zeta^\nu_{,\varrho} + \boldsymbol{g}^{\varrho\nu}\zeta^\mu_{,\varrho} - (\boldsymbol{g}^{\mu\nu}\zeta^\varrho)_{,\varrho} \tag{82}$$

folgt die Identität

$$(H_{\underline{\mu\nu}}\boldsymbol{g}^{\underline{\varrho\nu}})_{,\varrho} - \frac{1}{2}\,\boldsymbol{g}^{\underline{\alpha\beta}}H_{\underline{\alpha\beta},\mu} \equiv \boldsymbol{g}^{\check{\nu\varrho}}_{,\varrho}H_{\check{\mu\nu}} + \frac{1}{2}\,\boldsymbol{g}^{\check{\nu\varrho}}H_{[\check{\mu\nu},\varrho]}. \tag{83}$$

Dabei berücksichtigt die für die $\Gamma^\varrho_{\mu\nu}$ benutzte Feldgleichung (62) die mit $\boldsymbol{g}^{\check{\mu\nu}}_{,\nu} \neq 0$ verbundene notwendige Singularität direkt, und in (83) erscheint ein neuer Term, der von $\boldsymbol{g}^{\check{\mu\nu}}_{,\nu}$ abhängig ist. Mit (57) und (58) sowie der von Hély [24] gegebenen Form der linken Seite von (83) erhält man schließlich in der Eichung $\Gamma_\varrho = 0$

$$\sqrt{-s}\left(s^{\sigma\mu}R_{\sigma\nu} - \frac{1}{2}\,\delta_\nu{}^\mu s^{\sigma\tau}R_{\sigma\tau}\right)_{,,\mu} \equiv \boldsymbol{g}^{\check{\mu\varrho}}_{,\varrho}\left(R_{\check{\mu\nu}} + \frac{1}{2}\,P_{\mu\nu}\right) + \frac{1}{2}\,\boldsymbol{g}^{\check{\mu\varrho}}R_{[\check{\nu\mu},\varrho]}, \tag{84}$$

wobei $\sqrt{-s}\, s^{\mu\nu} = \sqrt{-g}\, g^{\mu\nu}$, $s_{\sigma\tau} s^{\mu\tau} = \delta_\sigma{}^\mu$ und „ die kovariante Ableitung mit $s_{\sigma\tau}$ ist.

Auf der rechten Seite können wir mit der Feldgleichung (77) auch schreiben

$$-\boldsymbol{g}^{\underset{\vee}{\mu\nu}}_{,\nu}\left(R_{\underset{\nu}{\mu\varrho}} + \frac{1}{2} P_{\mu\varrho}\right) = -\boldsymbol{g}^{\underset{\vee}{\mu\nu}}_{,\nu}\Phi_{\mu,\varrho} \tag{85}$$

$$\frac{1}{2}\boldsymbol{g}^{\underset{\vee}{\mu\varrho}} R_{[\nu\mu,\varrho]} = \overset{D}{g}_{\underset{\vee}{\mu\nu}}(-\mathcal{R}^{D\underset{\vee}{\mu\nu}})_{,\varrho}, \tag{86}$$

wobei Φ_μ dem durch das Einstein-Schrödingersche Vakuum (14) bestimmten Vektorfeld entspricht. Wenn man die Kräfte auf der rechten Seite von (84) als Lorentz-Kraft und Quarkkraft identifizieren will, dann ist $\Phi_{\underset{\nu}{\mu,\nu}}$ die elektromagnetische Feldstärke und $\boldsymbol{g}^{\underset{\vee}{\mu\nu}}$ die elektromagnetische Induktion. Dagegen sind

$$\overset{D}{g}_{\underset{\vee}{\mu\nu}} \equiv \frac{1}{2}\varepsilon_{\mu\nu\sigma\varrho}\boldsymbol{g}^{\underset{\vee}{\varrho\sigma}} \tag{87}$$

und

$$-\mathcal{R}^{D\underset{\vee}{\mu\nu}} \equiv \frac{1}{2}\varepsilon^{\mu\nu\varrho\sigma} R_{\underset{\vee}{\varrho\sigma}} \equiv \sqrt{-g}\, R^{D\underset{\vee}{\mu\nu}} \tag{88}$$

die Gluonfeldstärke bzw. die Induktion des Gluonfeldes.

Es wäre dann der Maxwell-Tensor auf folgende Weise in den Einstein-Schrödinger-Gleichungen enthalten. Wenn man mit (14c), (14d) und (9)

$$R^{\mu\nu} - \frac{1}{2} g^{\mu\nu} R$$

bildet und in die Symmetrieanteile zerlegt, erhält man:

$$R^{\underline{\mu\nu}} - \frac{1}{2} g^{\underline{\mu\nu}} R = (g^{\mu\alpha} g^{\underset{\vee}{\beta\nu}} + g^{\underline{\alpha\nu}} g^{\underset{\vee}{\beta\mu}})\, \Phi_{\underset{\vee}{\beta,\alpha}} - \frac{1}{2} g^{\underline{\mu\nu}} g^{\underset{\vee}{\alpha\beta}} \Phi_{\underset{\vee}{\alpha,\beta}}, \tag{89}$$

$$R^{\underset{\vee}{\mu\nu}} - \frac{1}{2} g^{\underset{\vee}{\mu\nu}} R = (g^{\underline{\mu\alpha}} g^{\underline{\beta\nu}} + g^{\underset{\vee}{\mu\alpha}} g^{\underset{\vee}{\beta\nu}})\, \Phi_{\underset{\vee}{\beta,\alpha}} - \frac{1}{2} g^{\underset{\vee}{\mu\nu}} g^{\underset{\vee}{\alpha\beta}} \Phi_{\underset{\vee}{\alpha,\beta}}. \tag{90}$$

Man sieht an (89), daß der Maxwell-Tensor in den kontravarianten Einsteinschen Gleichungen als Quelle erscheint. Er hat die von Minkowski für den Maxwell-Tensor in Medien vorgeschlagene Form, wo der Unterschied zwischen Induktion und Feldstärke ebenfalls wesentlich ist. In der Hermite-symmetrischen Relativitätstheorie wäre ein Unterschied zwischen Induktion $\boldsymbol{g}^{\underset{\vee}{\mu\nu}}$ und Feldstärke $\Phi_{\underset{\vee}{\mu,\nu}}$ nicht überraschend.

Außerhalb der Ladungen kann der Tensor in (89) auch als zum Gluonfeld gehörig aufgefaßt werden, denn mit (87), (88) und (14d) läßt sich (89) schreiben als

$$R^{\underline{\mu\nu}} - \frac{1}{2} g^{\underline{\mu\nu}} R = (g^{\underline{\mu\alpha}} R^{D\underset{\vee}{\beta\nu}} + g^{\underline{\alpha\nu}} R^{D\underset{\vee}{\beta\mu}})\, \overset{D}{g}_{\underset{\vee}{\beta\alpha}} - \frac{1}{2} g^{\underline{\mu\nu}} R^{D\underset{\vee}{\alpha\beta}} \overset{D}{g}_{\underset{\vee}{\alpha\beta}}, \tag{91}$$

so daß man die rechte Seite von (88) auch als halbe Summe der Maxwell-Tensoren von elektromagnetischem und Gluonfeld auffassen kann, was dem unitären Gesichtspunkt voll entspricht. Das weist zusammen mit speziellen Lösungen, in denen $g^{\underset{\vee}{\mu\nu}}_{,\nu} \neq 0$, aber $\Phi_{\underset{\vee}{\mu,\nu}} = 0$ ist [18], darauf hin, daß der Tensor in Gleichung (89) eher als zum Gluonfeld gehörig zu interpretieren ist und (85) nicht die Lorentz-Kraft sein kann.

Literatur

[1] Einstein, A.: Sitzungsber. AdW Berlin **XXII** (1925) 414.
[2] Einstein, A.: Ann. Math. (Princeton) **45** (1945) 578; **47** (1946) 731.
[3] Einstein, A.: The Meaning of Relativity, Appendix II. Princeton: Princeton Univ. Press 1950 und 1953.
[4] Schrödinger, E.: Space-Time-Structure. Cambridge: Cambridge Univ. Press 1950.
[5] Einstein, A.; Kaufmann, B.: In: d. Broglie, L.: Physicien et Penseur. Paris: Michel 1953, pp. 337–342.
[6] Infeld, L.: Acta Phys. Polon. **10** (1950) 284.
[7] Callaway, J.: Physic. Rev. **92** (1953) 1567.
[8] Treder, H.-J.: Ann. Phys. (Lpz.) **19** (1957) 369.
[9] Einstein, A.; Infeld, L.; Hoffmann, B.: Ann. Math. **39** (1938) 66.
[10] Papapetrou, A.: Proc. Roy. Soc. London A **209** (1951) 248.
[11] Johnson, C. R.: Phys. Rev. D **24** (1981) 2, 327.
[12] Bonnor, W. B.: Proc. Roy. Soc. London A **209** (1951) 353.
[13] Bonnor, W. B.: Proc. Roy. Soc. London A **226** (1954) 366; Ann. Inst. Henri Poincaré **15** (1957) 133.
[14] Treder, H.-J.: Ann. Phys. (Lpz.) **37** (1980) 250.
[15] Treder, H.-J.: Ann. Phys. (Lpz.) **40** (1983) 81.
[16] Antoci, S.: Ann. Phys. (Lpz.) **41** (1984) 419.
[17] Antoci, S.: Nuovo Cimento **79** B (1984) 2, 167.
[18] Antoci, S.: Ann. Phys. (Lpz.) **44** (1987) 127.
[19] Antoci, S.: Nuovo Cimento **68** B (1982) 1, 79.
[20] Antoci, S.: Gen. Rel. Grav. (im Druck).
[21] Papapetrou, A.: Proc. Roy. Ir. Acad. Sect. A **52** (1948) 69.
[22] Kreisel, E.: Ann. Phys. (Lpz.) **43** (1986) 505.
[23] Wheeler, J. A.: Geometrodynamics. New York: Akademic Press 1962.
[24] Hély, J.: C. R. hebd. Séances Acad. Sci. **239** (1954) 385, 747.
[25] Kreisel, E.: Ann. Phys. (Lpz.) **45** (1988).

11. Eigenschaft und Verhalten — Zur Beziehung von Mathematik und Physik

Von Renate Wahsner

Die Beschäftigung mit der Einsteinschen Relativitätstheorie und ihren Folgen, mit der Quantisierung der Gravitation, mit dem Verhältnis von Relativitäts- und Quantentheorie überhaupt, mit der Kosmologie, mit der Konstruktion einer einheitlichen geometrischen Feldtheorie, mit alternativen relativistischen Gravitationstheorien führt naturgemäß zu Fragen, die den Status der Physik betreffen, mithin das Verhältnis der Physik zur Mathematik und zur Philosophie. Die Antworten auf diese Fragen werden zumeist implizit gegeben, sie äußern sich in dem Zugang, der gewählt wurde, um die genannten Probleme zu lösen. Im wesentlichen können hierbei zwei Richtungen unterschieden werden. Die eine sieht in der Ausarbeitung komplizierter mathematischer Formalismen den Weg zur Lösung der physikalischen Problematik. Die andere orientiert sich auf die Suche nach neuen physikalischen Prinzipien und hält den mathematischen Progreß nur für eine notwendige, nicht für eine hinreichende Bedingung (siehe z. B. [1 bis 5]).[1]

11.1. Zum epistemologischen Status von Mathematik und Physik

Die Position der auf physikalische Prinzipien orientierten Richtung erscheint explizit in dem Satz: „Es ist keine anerkannte Theorie der Physik durch neue Erkenntnisse in der Mathematik qualitativ erweitert oder gestürzt worden" ([6], S. 21). Es liegt nahe, eine Erklärung für diese Sicht in Einsteins berühmten Ausspruch zu suchen: „Insofern sich die Sätze der Mathematik auf die Wirklichkeit beziehen, sind sie nicht sicher, und insofern sie sicher sind, beziehen sie sich nicht auf die Wirklichkeit" [7]. Mathematiker selbst argumentieren in diesem — die Bedeutung der Mathematik scheinbar herabmindernden — Sinne, wenn sie schreiben: „Wenn sich ein mathematischer Gegenstand sehr weit von seiner empirischen Quelle entfernt hat oder wenn mit ihm viel ‚abstrakte' Inzucht getrieben worden ist, besteht die Gefahr der Degeneration" [8].

Diametral entgegenzustehen scheint diesen durch die physikalische und mathematische Arbeit begründeten Auffassungen die mit einem gesamten philosophischen System fundierte Meinung Kants, wonach „in jeder besonderen Naturlehre nur so viel *eigentliche* Wissenschaft angetroffen werden kann, als darin Mathematik anzutreffen ist" ([9], S. 14). Die vorrangig mathematisch vorgehende Richtung unter den Physikern könnte sich demnach durchaus auf Kant berufen.

[1]) Siehe auch in diesem Band: H.-H. v. Borzeszkowski: Quantisierung der Gravitation und Äquivalenzprinzip.

Unterstellt man einmal, daß sowohl die Einsteinsche als auch die Kantsche These wahr ist, so liefe dies — wie es scheint — darauf hinaus anzuerkennen, daß sich eine Naturlehre, insofern sie wissenschaftlich ist, nicht auf die Wirklichkeit bezieht und daß sie, soweit sie sich auf die Wirklichkeit bezieht, nicht wissenschaftlich ist. Es fällt gewiß schwer, diese Konsequenz anzunehmen. Es ist aber auch gar nicht nötig, erkennt man den eigentlichen Gehalt der beiden Thesen.

Zu diesem Zweck muß man sich bewußt machen, daß die Mathematik „eine Schatzkammer von abstrakten Formen" [10] ist, eine nichtempirische axiomatisch aufgebaute Strukturlehre. Sie ist eine Lehre, deren abstrakte Formen durch mengentheoretische Klassenbildung verdinglichte Eigenschaften sind,[1]) deren in funktionalen Abhängigkeiten dargestellte Strukturen die *Existenz* der Dinge, Elemente oder Gegenstände, zwischen denen die Beziehungen, die die Struktur ausmachen, bestehen, wohl unterstellt, die über die Existenz hinaus aber nichts über die Gegenstände aussagt. In den mathematischen Strukturen tritt der Gegenstand nur als Stelle im System auf [11]. Insofern dies so ist, subsumiert das mathematische Denken den Gegenstand unter die Eigenschaft (und etabliert damit die Grundlage für die mathematische Widerspruchslosigkeit).

Die Wirklichkeit, von der in Frage steht, ob die Mathematik sich auf sie bezieht, ist nun aber wesentlich ein sich Bewegendes. Die Frage nach dem Wirklichkeitsbezug der Mathematik erhält so die Form: Wie kann man mit einer Strukturlehre der geschilderten Art Aussagen über die Bewegung machen? Oder: Ist es möglich, die Bewegung — von der Hegel sagt, sie sei der daseiende Widerspruch — als Struktur zu fassen? Eine epistemologische Analyse der Physik — die ja die Bewegung zum Gegenstand hat —[2]) zeigt, daß dies nicht möglich ist [12]. Die Physik faßt die Bewegung (logisch widerspruchsfrei) in der Form von Dualismen der verschiedenen Art, die Ausdruck der kategorialen Einheit von Gegenstand und Verhalten sind. In der Physik tritt der Gegenstand als sich verhaltender, sich bewegender auf, nicht nur als Stelle im System, nicht nur als Träger der Eigenschaft Bewegung. Die Physik (als mathematisierte Naturwissenschaft) zeigt aber auch, wie es durch geschickte begriffliche und experimentell-gegenständliche Präparation möglich ist, die Mathematik als Mittel zur Erkenntnis realer Bewegungen zu benutzen und sie so auf die Wirklichkeit zu beziehen.

Formuliert man die Einsteinsche These im Sinne des bisher Gesagten, so ergibt sich: Insoweit die Mathematik widerspruchslos (d. i. sicher) ist, ist sie nicht auf die Bewegung bezogen, und insoweit sie auf die Bewegung bezogen ist, ist sie nicht widerspruchslos. Letzteres bedarf der Erklärung. Denn natürlich darf der auftretende Widerspruch keiner im System der mathematischen Sätze sein. Er ist einer, der z. B. dann auftritt, wenn bei der physikalischen Verwendung der Mathematik das Infinitesimale als „hinreichend Kleines" (damit aber Endliches) gesetzt wird. Diese Festsetzung ist keineswegs willkürlich. Es ist eine originäre *physikalische* Leistung, eine Leistung einer jeden physikalischen Theorie, herauszufinden, was jeweils hinreichend klein genug ist, um als Infinitesi-

---

[1]) Andere Begründungen der Mathematik, etwa eine konstruktivistische, sind der mengentheoretischen äquivalent. Die Unterschiede dieser Begründungen sind für das hier behandelte Problem irrelevant.

[2]) Natürlich ist der Gegenstand der Physik nicht die Bewegung als solche, sondern die Bewegung unter einem bestimmten Aspekt. Aber es ist immer Bewegung, womit sich die Physik beschäftigt, sei es Ortsbewegung oder seien es Zustandsänderungen anderer Art; es geht immer um die Änderung resp. die Änderung der Änderung von Größen, die ein physikalisches System charakterisieren.

males gesetzt werden zu können. Diese (begrifflich widersprüchliche) Gleichsetzung von Endlichem und Unendlichem ermöglicht die Verknüpfung von Mathematik und Messung. Denn gemessen werden können immer nur endliche Abstände.

Die Messung erfordert aber auch noch eine „Reduktion" aus der anderen Richtung. Es können nämlich immer nur als Wirkungen sich äußernde Eigenschaften eines unterstellten Gegenstandes gemessen werden, niemals die in den dynamischen Wechselwirkungsgleichungen gefaßte Einheit von Gegenstand und Verhalten [13]. Das heißt, beispielsweise, man mißt nicht die Gravitation, die sich erst im Gegeneinander der Körper konstituiert, sondern die Eigenschaft eines Körpers, schwer zu sein. Diese Transformation eines Verhaltens in eine Eigenschaft setzt die genuin physikalische Leistung voraus herausgefunden zu haben, *welches* Verhalten zwecks Messung in eine Eigenschaft verwandelt werden kann. (Es ist dies keinesfalls ohne wesentliche Verzerrung immer möglich.) Die komplizierte Genese physikalischer Meßgrößen ist identisch mit dem Prozeß dieses Herausfindens.

Die jeweilige physikalische Theorie mit ihren dynamischen Wechselwirkungsgleichungen wird durch die — auf den genannten Transformationen beruhenden — Messungen getestet, aber sie löst sich ebensowenig in diese auf wie das dynamische Verhalten auf eine meßbare Eigenschaft reduziert werden kann. Doch wegen der Notwendigkeit, die physikalischen Größen zu vergegenständlichen, um sie messen zu können, und die dynamische Wechselwirkung in eine meßbare Eigenschaft zu transformieren, entsteht der *Schein*, die Größe (oder der Größenwert) sei eine *Eigenschaft* der Naturkörper, die die zu messende Größe repräsentieren. Damit entsteht auch der Schein, die Physik beruhe auf derselben kategorialen Basis wie die Mathematik — und dies hinwiederum ist die Voraussetzung, um den theoretischen Anteil der Physik auf Mathematik zu reduzieren.

Das wahre Verhältnis von Physik und Mathematik wird durch eine Synthese der Einsteinschen und der Kantschen These beschrieben. Sie besagt: Die Mathematik ist nur über die Physik (allgemeiner: über eine empirische Wissenschaft) auf die Wirklichkeit zu beziehen; die Physik aber ist ohne Mathematik keine Wissenschaft, d. h. keine Naturlehre, die die Bewegung in *Gesetze* fassen kann (in Gesetze, die es ermöglichen, die Bewegung zu messen). Das Ergebnis der Diskussion beider Thesen ist treffend mit einem Ausdruck von Niels Bohr zu charakterisieren: „Das Gegenteil einer richtigen Behauptung ist eine falsche Behauptung. Aber das Gegenteil einer tiefen Wahrheit kann wieder eine tiefe Wahrheit sein" [14]. Ob es so ist, zeigt sich erst dann, wenn die beiden gegenteiligen Wahrheiten zu einer neuen synthetisiert werden konnten.

Die „synthetische Wahrheit" über die Mathematik-Physik-Korrelation ist so schwer zu finden, weil es so schwer ist, Bewegung als Verhalten zu denken, weil man immer wieder — wenn man von der Position des sogenannten gesunden Menschenverstandes auf die Physik schaut — dazu verleitet wird, die Bewegung als Eigenschaft zu denken. Seit es die Physik gibt, gibt es diese Schwierigkeit. Die kontroversen Diskussionen um die philosophische Rezeption der Physik belegen dies [15, 16]. Das sei hier an einem klassischen Fall demonstriert.

11.2. Das Physik- und Mathematikkonzept der französischen Aufklärung

Mit der Begründung der klassischen Mechanik durch Newton war die Frage entstanden, ob die Naturerkenntnis von nun an schlechthin eine mathematische und messende sei und die (Natur-) Philosophie sich überlebt habe oder ob die Philosophie noch eine Aufgabe habe. Um diese Frage — die natürlich zugleich eine Frage nach der Rolle der Mathematik für die Naturerkenntnis war — zu beantworten, stellte der französische Aufklärer d'Alembert sich die Aufgabe, „die Grenzen der Mechanik weiter hinauszurücken und den Zugang zu ihr zu ebnen" ([17], S. 6). D'Alembert wollte in ein und derselben Aktion den Anwendungsbereich der Mechanik ausdehnen und diese physikalische Theorie von ihrer metaphysischen Interpretation reinigen, überhaupt alle sogenannten metaphysischen Wesenheiten aus der Naturtheorie aussondern und sie ausschließlich auf empirischen und mathematischen Prinzipien begründen. Er hatte dabei — im Gegensatz etwa zu Diderot, dem es um die Konzeption einer Naturphilosophie ging — die Entwicklung der physikalischen Einzelwissenschaft im Auge. Für diese glaubte er erkenntnistheoretischer Grundsätze nicht zu bedürfen, erkenntnistheoretischer Grundsätze, die aufzustellen — wie er meinte — das Vermögen des Menschen ohnehin übersteigen. Denn für die Klärung philosophischer Fragen hätte Gott dem Menschen keine ausreichende Intelligenz gegeben, da er ihn nicht zum Schöpfer der Welt machen wollte. Gott wollte vielmehr, daß der Mensch aus der Welt Nutzen zieht. Daher könne auch die Intelligenz, die er dem Menschen gegeben habe, soweit sie sich auf Maße und Größenverhältnisse bezieht, sehr weit gelangen [18].

Nun ist d'Alembert sehr weit gelangt. Denn daß die klassische Mechanik die Form erhielt, in der sie für die gesamte Physik tragend werden konnte, ist wesentlich auch ihm zu verdanken [19]. Speziell sein Beitrag zur mechanischen Behandlung von Vielteilchensystemen hat die klassische Mechanik für die Lösung vieler physikalischer und technischer Probleme praktisch, nicht nur theoretisch-prinzipiell, anwendbar gemacht.

Dieses Ergebnis erreichte d'Alembert durch jene Neuformulierung der Mechanik, die er mit dem Bestreben vornahm, diese Wissenschaft von der Metaphysik zu befreien.[1]) Namentlich ging es dem Aufklärer d'Alembert darum zu zeigen, daß die Mechanik ohne Bezug auf mystische Kräfte und verborgene Ursachen, d. h. auf unklare, der Erfahrung unzugängliche Prinzipien begründet werden kann. Die dem Körper bei seiner Bewegung inhärenten Kräfte wollte er völlig verbannen, da es sich bei ihnen um „dunkle, der Metaphysik angehörige Begriffe" handele, die nur imstande seien, „Finsternis in einer an sich klaren Wissenschaft zu verbreiten" ([17], S. 5—19). Getreu den Zielen der Aufklärung ist diese Absicht gegen ein jenseits liegendes Reich des Wesens gekehrt, soll alles *Ansichsein* in ein *Fürsichsein* verwandelt werden ([20], S. 349). Denn „nichts ist unbestreitbarer als die Existenz unserer Sinnesempfindungen" ([21,] S. 11); aus ihnen entspringen alle unsere „direkten Kenntnisse". Es muß daher alles auf sie gegründet werden, wenn nicht unmittelbar, so doch über die Vermittlung der „reflexiven Kenntnisse", also jener, die der Geist dadurch erwirbt, daß er die „direkten Kenntnisse" verarbeitet, verbindet und kombiniert.

Keineswegs vertritt d'Alembert ein rein empiristisches Konzept, ein Konzept, das auf dem Glauben beruht, Erkenntnis sei voraussetzungslos zu begründen. Er hält es aber für erforderlich, daß die Prinzipien, auf die eine jede Theorie zurückzuführen bzw. aus denen sie abzuleiten ist, klar, unmittelbar einsichtig oder durch die Erfahrung begründet sein müssen. Ein wissenschaftliches System ist nach d'Alembert um so vollkommener,

[1]) Der Kampf gegen die Metaphysik, der ersten Gestalt der klassischen bürgerlichen Philosophie, war die Hauptstoßrichtung der Aufklärung. Die französische Aufklärung bekämpfte die Metaphysik hauptsächlich in Gestalt des cartesischen Rationalismus. Indem man die Metaphysik als Anti-Sensualismus bekämpfte, eliminierte man zumeist auch die Philosophie als Erkenntnistheorie und Kategorienlehre. Das eine wurde vom anderen nicht unterschieden.

je kleiner die Zahl der vorausgesetzten Prinzipien ist. Es sei sogar zu wünschen, daß man sie auf ein einziges reduziere ([17], S. 6f.; [21], S. 36; [22]). D'Alembert wurde — um mit Hegel zu sprechen — von dem Bedürfnis des abstrakten Denkens (das aus einem festgehaltenen Prinzip die ungeheuersten Konsequenzen ziehen läßt) getrieben, den Versuch zu unternehmen, ein Prinzip als das Letzte zu setzen, aber ein solches, das zugleich Gegenwart habe und der Erfahrung ganz nahe liege ([23], S. 452).

In diesem inkonsistenten Konzept d'Alemberts spiegelt sich die Schranke des auf „Kombination und Analyse hinzielenden Jahrhunderts" ([21], S. 117). Es enthält die Einsicht, daß der bloße Sensualismus die Erkenntnis von Naturgesetzen nicht schlüssig zu begründen vermag, daß aber auch die Mathematik allein, so unentbehrlich sie für die Naturforschung ist, ohne die Sinneserfahrung die Naturerkenntnis nicht tragen kann. „Die Methode der Mathematik ist gut" — schreibt d'Alembert in der Enzyklopädie —, „aber hat sie wirklich eine so große Reichweite wie sie ihr Descartes gab?" D'Alembert verneint dies und fügt erläuternd hinzu: „Wenn man in der Physik überhaupt mathematisch vorgehen kann, so nur in diesem oder jenem Teil und ohne Hoffnung, alles zu verbinden" [18].

Mit jener anti-metaphysischen, aber nicht rein sensualistischen Orientierung hat d'Alembert die Newtonsche Mechanik umformuliert. Er glaubte, sie auf die kleinstmögliche Anzahl von Voraussetzungen zurückgeführt zu haben, indem er sie auf drei Prinzipien aufbaute: auf dem Prinzip des Gleichgewichts, dem Prinzip der Trägheit und dem Prinzip der zusammengesetzten Bewegung. Damit sollte zugleich — entsprechend dem genannten Vorsatz — der Blick ausschließlich auf die bewirkte Bewegung gerichtet und von der bewegenden Ursache abgewandt worden sein, indem diese Prinzipien einzig und allein aus der Untersuchung der Bewegung abgeleitet worden seien. Vorrangig ging es d'Alembert darum, das zweite Newtonsche Axiom, das er als die Aussage las: „Jede Wirkung ist einer Ursache proportional", zu eliminieren. Die angestrebte Ableitung bzw. Umformulierung gelang. Aber sie gelang nur deshalb, weil die physikalische Theorie schon vorlag. D'Alembert setzte mit Selbstverständlichkeit die klassische Mechanik voraus, damit natürlich auch das zweite Newtonsche Axiom (ebenso wie das erste und das dritte). Er brachte es nur in einer anderen Form ein, einer Form, die ihm nicht-metaphysisch zu sein schien. Seine Einsicht in grundlegende epistemologische Voraussetzungen der klassischen Mechanik — die ihm allerdings als solche nicht bewußt war — ermöglichten es ihm, die „klarsten Begriffe", aus denen diese Wissenschaft abgeleitet werden kann, herauszufinden. Ihm selbst erschien es so, als ergäben sich jene „klarsten Begriffe", analysiert man den sogenannten gesunden Menschenverstand.

Man kann d'Alemberts Vorhaben, „nichts vorauszusetzen, keine Eigenschaften dieses Gegenstandes (des Gegenstandes der Mechanik — R. W.) zuzulassen, als die, welche die betreffende Wissenschaft selbst für ihn voraussetzt," ([17], S. 6) wohl zustimmen. D'Alembert hat damit die mechanische Wissenschaft klar von ihrer mechanizistischen Interpretation getrennt; er hat die wirklichen Voraussetzungen der Mechanik von dem getrennt, was interpretatorische Zutat ist [15]. Er täuschte sich aber, wenn er glaubte, damit auch die Philosophie überhaupt aus der Naturerkenntnis hinausgewiesen zu haben. Um die klassische Mechanik begründen zu können, bedurfte es sehr wohl erkenntnistheoretischer Prinzipien [16, 24]. Man kann sie vergessen, wenn die jeweilige Theorie voll ausgebildet ist. Man vergißt sie allerdings um den Preis, daß ihre erkenntnistheoretischen und meßtheoretischen Voraussetzungen als in der Natur an sich vorliegende einfachste Zusammenhänge erscheinen.

Statt das erste Newtonsche Axiom im Interesse einer gewisse Naturbewegungen meßbar machenden Theorie zu postulieren, wird die Bewegung als *ihrer Natur nach* gleichförmig angesehen ([17], S. 9). Komplizierte theoretische und experimentelle Konstruktionen, das Ergebnis einer jahrhundertelangen Vorgeschichte der Physik, werden so behandelt, als seien sie etwas sinnlich Wahrnehmbares — sei es nun unmittelbar als „direkte Kenntnisse" oder mittelbar als „reflexive Kenntnisse".

Die Produktion des physikalischen Begriffs, mithin auch den begrifflichen Status der physikalischen Meßgröße, kann das d'Alembertsche Konzept nicht erklären. Es muß seine Existenz unterstellen, unterstellen in Form einer von Gott gegebenen, in Hinblick auf Maße und Größenverhältnisse sehr weit gelangenden Intelligenz. Da die Existenz des physikalischen Begriffs unterstellt wird (und auch insofern unterstellt werden kann, als die Newtonsche Theorie bereits vorliegt), kann die Philosophie überflüssig erscheinen und ergibt es sich, daß die nicht gelungene Synthese von Anti-Metaphysik und Einsicht in die Grenzen des Sensualismus bei der d'Alembertschen Umformulierung der Mechanik nicht ins Gewicht fällt.

Die Abwendung von der Philosophie war für d'Alembert zwangsläufig, weil die Polemik gegen die Metaphysik ihn zur Berufung auf das Einzelne verleitete. „Die Natur — wir können das nicht oft genug wiederholen — besteht nur aus Einzeldingen" ([21], S. 59). Wird das Allgemeine, die Existenz von Gattungswesen oder der Mensch als Gattung in der Metaphysik durch die Ratio vertreten (und sei es mit der Tendenz der Verjenseitigung des Wesens), so droht die Gefahr, daß diese Grundvoraussetzung von Philosophie ganz und gar verschwindet, wendet man sich von der Metaphysik ab. Die Sinne und die Erfahrung des menschlichen Einzelwesens sind jetzt das Kriterium. Die Berufung auf die Erfahrung, auf die Sinnlichkeit, so berechtigt sie als Einwand gegen den Rationalismus auch ist, wird zu einem wissenschaftlichen Argument jedoch erst dann, wenn die Erfahrung der menschlichen Gattung, wenn die gesellschaftliche Sinnlichkeit (die in den Arbeitsmitteln und Arbeitsprodukten vergegenständlichten menschlichen Wesenskräfte sowie die Betätigung dieser Wesenskräfte) gemeint ist. Die Gattungserfahrung und die Gattungssinnlichkeit werden in der Physik zwar von dem Moment an, von dem sie Wissenschaft ist, praktiziert, in der Philosophie aber nicht als solche rezipiert (jedenfalls nicht vor der klassischen deutschen Philosophie). Das mit der experimentellen Methode der Physik begründete Prinzip wissenschaftlicher Erfahrung kann philosophisch nicht begriffen werden, solange Erfahrung als Erfahrung des Individuums gedacht wird. Ohne dieses Prinzip zu begreifen, kann aber auch die Produktion des physikalischen Begriffs und der begriffliche Status der physikalischen Größe nicht begriffen werden.

Nun beruhte die französische Aufklärung nicht auf einem reinen Empirismus, sondern auf einem Kompomiß von Empirismus und Rationalismus [15]. Man berief sich auf die Vernunft, die jedes Individuum hat, und die Berufung auf die Erfahrung gilt als Berufung auf die Vernunft. Das Allgemeine, die Gesellschaft, wird in seiner Existenz ebenso unterstellt wie der physikalische Begriff. Man kann nicht erklären, wie es von dem Einzelnen bzw. wie es von den Individuen produziert wird, aber es ist klar, daß es existiert — irgendwie ([23], S. 433—463). Diese gewisse philosophische Inkonsistenzen kompensierende oder vertuschende Berufung auf die Vernunft schlug sich bezüglich der Ausbildung der Mathematik darin nieder, daß diese sich in Frankreich als Vervollkommnung der Newtonschen Mechanik vollzog. Indem diese Theorie die Stelle des vernünftigen Allgemeinen vertrat, konnte man sich — getragen von der Überzeugung, daß die Sinnlichkeit gewiß ist — sowohl gegen eine abstrakte Mathematik als auch gegen den metaphysischen Rationalismus wenden, ohne empiristische Mißerfolge in Kauf nehmen zu müssen.

Der Fehler der französischen Aufklärung besteht darin, die kategoriale Einheit von Gegenstand und Verhalten in die Beziehung von Ding und Eigenschaften transformiert zu haben. „Die Materie bewegt sich", wurde gedacht als: „Die Bewegung ist eine Eigenschaft der Materie". Diese Transformation ergab sich, weil die Vergegenständlichung des Verhaltens resp. der Bewegung nicht gedacht werden kann, wenn die „konkreten Einzeldinge" als die einzig wirklichen Gegenstände angenommen werden. Jene Vergegenständlichung ist aber die epistemologische Grundlage der Größenbildung [11, 12]. (Der Wunsch nach der genannten Transformation ist der Hintergrund für d'Alemberts Umformulierung der Mechanik.)

Sinnlich wahrnehmbar ist immer nur der Körper mit seinen Eigenschaften. Auch die Kombination derartiger Wahrnehmungen („einfacher Ideen", „direkter Kenntnisse") begründet keine Verdinglichung oder Vergegenständlichung von Verhalten bzw. Bewegung. Die Vorgehensweise der Physik kann daher von der Aufklärung nicht nachvollzogen werden. Die Physik wird nur soweit begriffen, soweit sie in der Tat auf dem kategorialen Verhältnis von Ding und Eigenschaft beruht, soweit die physikalische Bewegung als Eigenschaft gefaßt werden kann. Das kann sie nur in der unmittelbaren Messung (dort *muß* sie es allerdings auch). Die Mathematik hingegen ist mit der Ding-Eigenschaft-Relation generell zu charakterisieren. Das heißt: Die französische Aufklärung subsumierte (wegen ihrer Berufung auf die Sinne und das Einzelne) die Physik *epistemologisch* unter die Mathematik, und die Erfahrung — die als wesentlich für die Naturkenntnis angesehen wurde — trat als unvermittelte, wenn auch unverzichtbare, Zutat auf.

Diese Subsumtion reflektiert das aufklärerische Bewußtsein nicht als epistemologische Gleichsetzung von Mathematik und Physik: Physik ist Erfahrungswissenschaft, Mathematik nicht. Damit wird begründet, daß die Mathematik zur Naturkenntnis nicht ausreicht. Das wäre auch richtig, würde Erfahrung als wissenschaftliche Erfahrung gedacht und nicht auf die sinnliche Wahrnehmung des Individuums reduziert werden. So aber enthält diese Bestimmung die Größe und die Grenze des Physikkonzepts der französischen Aufklärung.

Die Mathematik reicht zur Naturerkenntnis nicht aus, weil die mathematische Welt eine von der sinnlichen Welt verschiedene Welt ist — erkennt nicht nur d'Alembert, sondern auch sein „Opponent" Diderot [25]. Die Welt der Mathematik ist — wie Diderot sagt — eine abstrakte Welt, in der die Körper ihrer spezifischen Eigenschaften beraubt sind. Daher verlöre das, was man in der Mathematik für unbedingte Wahrheiten hält, diesen Vorzug in vollem Umfange, sobald man es auf unsere Erde übertrage. Die Sache des Mathematikers habe in der Natur nicht mehr Existenz als die eines Spielers. In beiden Fällen sei dies nur eine Frage der Übereinkunft ([26], S. 420). Diderot kommt zu dem Ergebnis, daß es die Aufgabe der Physik, der „experimentellen Philosophie", sei, die Rechnungen der Mathematik zu verbessern (zu versinnlichen?). Die Grundbegriffe der Mathematik würden nämlich schaden, wenn die Vorschriften der Mathematik in der Praxis nicht durch eine Vielzahl von physikalischen Kenntnissen (Lage des Körpers, Materialeigenschaften) berichtigt werden würden [27]. Er konstatierte, „daß die Mathematik, vor allem die transzendente, ohne die Erfahrung zu nichts Genauem führt und daß wenigstens noch ein großes Werk zu schreiben wäre, das man ‚Anwendung der Erfahrung auf die Mathematik' oder ‚Abhandlung über die Abweichung der Maße' nennen könnte" ([26], S. 420). Doch wenn dies so ist — überlegt Diderot —, ist es dann nicht einfacher, sich von vornherein an das Ergebnis der Erfahrung zu halten? Was bleibt vom Wert der Mathematik? Diderot hatte keine Antwort auf diese Frage, und er sah, daß die Aufklärung die Rolle der Mathematik nicht begründen konnte (sie benutzte sie nur).

Es ist treffend, diese Situation wie Diderot als „paradox" zu bezeichnen. Denn er schätzte die Mathematik keineswegs gering. Er meinte allerdings, daß ihre Herrschaft vorbei sei, daß sie ihren höchsten Entwicklungsstand schon erreicht habe [28]. Er sah den Wert der Mathematik darin, daß sie mit ihren Rechnungen falsche Hypothesen durch den Widerspruch ausschließt, der sich zwischen dem Resultat und dem Phänomen ergibt ([29], S. 72). Diderot war überzeugt, daß es nur wenige Wissenschaftler gibt, für die die Grundbegriffe der Mathematik nicht notwendig sind ([27], S. 249). Daß diese Grundbegriffe dennoch in manchen Fällen dem Wissenschaftler schaden, hielt er eben für ein „Paradoxon".

Das Paradoxon ergibt sich aus der zwiespältigen Begründung für die Unzulänglichkeit der Mathematik. Diderot geht — konträr zu d'Alembert — davon aus, daß es in Wirklichkeit keine Individuen gibt. „Es gibt nur ein einziges großes Individuum, nämlich das Ganze" ([30], S. 538; [31]). Und dieses kann von der Mathematik nicht erfaßt werden, da sie — statt den komplizierten Zusammenhang aller miteinander verketteten Dinge darzustellen — die wahrnehmbaren Eigenschaften der Körper durch das Denken trennt, die Eigenschaften voneinander oder diese von dem Körper trennt, der ihnen als Grundlage dient ([29], S. 63). Die Mathematik gilt also als unzulänglich, weil sie in der Wirklichkeit Zusammenhängendes im Gedanken trennt. Das macht aber *jeder* Begriff, *jedes* Denken — und jede sinnliche Wahrnehmung. Die Kritik an der Mathematik beruht auf der Illusion, die sinnliche Wahrnehmung könne die Welt unmittelbar so erfassen, wie sie ist

Wegen der Reduktion der Erkenntnis auf Erfahrung und der Reduktion der Erfahrung auf die sinnliche Wahrnehmung des Individuums kann Diderot ebenso wie d'Alembert die Bewegung — über die er viele tiefe Einsichten äußert [32] — nur als Eigenschaft der Materie fassen. Damit gelingt es ihm ebensowenig wie d'Alembert, die Physik epistemologisch adäquat zu rezipieren. Und es gelingt ihm auch nicht, seinen positiven Gedanken, den Gedanken, daß Philosophie notwendig ist, daß sie aber nicht als Mathesis universalis konzipiert werden kann, durchzuführen [25].

Die Schwierigkeit, den sich bewegenden Gegenstand nicht als Eigenschaft des Gegenstandes zu denken, ist die philosophische Hürde auch der gegenwärtigen Diskussion zum Verhältnis von Mathematik und Physik.

Literatur

[1] Treder, H.-J.: Die Eigenschaften physikalischer Prozesse und die geometrische Struktur von Raum und Zeit. Dt. Zs. Phil. **14** (1966) 562.

[2] Treder, H.-J.: Global and Local Principles of Relativity. Found. Phys. **1** (1970) 75; siehe auch: Treder, H.-J.: Philosophische Probleme des physikalischen Raumes. Berlin: Akademie-Verlag 1974, Abschn. 26.

[3] Treder, H.-J.: Die Geometrisierung der Physik und die Physikalisierung der Geometrie-SB. Akad. Wiss. DDR 1975, 14 N.

[4] v. Borzeszkowski, H.-H.; Kasper, U.; Kreisel, E.; Liebscher, D.-E.; Treder, H.-J.: Gravitationstheorie und Äquivalenzprinzip. Lorentz-Gruppe, Einstein-Gruppe und Raumstruktur. Berlin: Akademie-Verlag 1971.

[5] v. Borzeszkowski, H.-H.; Wahsner, R.: Experimentelle Methode und Raumbegriff. Dt. Zs. Phil. **28** (1980) 685.

[6] Rompe, R.; Treder, H.-J.: Zählen und Messen. Berlin: Akademie-Verlag 1985.

[7] Einstein, A.: Geometrie und Erfahrung. S. B. Preuss. Akad. Wiss. 1921, 123.

[8] v. Neumann, J.: Der Mathematiker. In: Otte, M. (Hrsg.): Mathematiker über die Mathematik. Berlin, Heidelberg, New York: Springer-Verlag 1974.

[9] Kant, Immanuel: Metaphysische Anfangsgründe der Naturwissenschaft. In: Weischedel, W. (Hrsg.): Immanuel Kant. Schriften zur Naturphilosophie. Frankfurt a. M.: Suhrkamp 1977.

[10] Bourbaki, N.: Die Architektur der Mathematik. In: Otte, M. (Hrsg.): Mathematiker über Mathematik. A. a. O.

[11] Wahsner, R.: Nicht die Einzelheit herrscht in der Natur der Dinge. PRE-EL 87-03.

[12] v. Borzeszkowski, H.-H.; Wahsner, R.: Physikalische Bewegung und dialektischer Widerspruch. Dt. Zs. Phil. **30** (1982) 634; Physikalischer Dualismus und dialektischer Widerspruch. Studien zum physikalischen Bewegungsbegriff. Darmstadt: Wissenschaftliche Buchgesellschaft 1988.

[13] Planck, M.: Naturwiss. **15** (1927) 529.

[14] Heisenberg, W.: Der Teil und das Ganze. Gespräche im Umkreis der Atomphysik. München: R. Piper & Co Verlag 1969, S. 143.

[15] v. Borzeszkowski, H.-H.; Wahsner, R.: Newton und Voltaire. Zur Begründung und Interpretation der klassischen Mechanik. Berlin: Akademie-Verlag 1980.

[16] Wahsner, R.: Das Aktive und das Passive. Zur erkenntnistheoretischen Begründung der Physik durch den Atomismus — dargestellt an Newton und Kant. Berlin: Akademie-Verlag 1981.

[17] d'Alembert, J. B.: Abhandlung über Dynamik. Leipzig: Verlag von Wilhelm Engelmann 1899.

[18] d'Alembert, J. B.: Cartesianismus. In: Naumann, M. (Hrsg.): Artikel aus der von Diderot und d'Alembert herausgegebenen Enzyklopädie. Leipzig: Verlag Philipp Reclam jun. 1972.

[19] v. Borzeszkowski, H.-H.; Wahsner, R.: Wiss. u. Fortschr. **34** (1984) 23.

[20] Hegel, G. W. F.: Phänomenologie des Geistes. Berlin: Akademie-Verlag 1975.

[21] d'Alembert, J. B.: Einleitende Abhandlung zur Enzyklopädie (1751). Berlin: Akademie-Verlag 1958.

[22] d'Alembert, J. B.: System. In: Naumann, M. (Hrsg.): Artikel aus der von Diderot und d'Alembert herausgegebenen Enzyklopädie. A. a. O.

[23] Hegel, G. W. F.: Vorlesungen über die Geschichte der Philosophie. Bd. III. Leipzig: Verlag Philipp Reclam jun. 1971.

[24] v. Borzeszkowski, H.-H.; Wahsner, R.: Über die Notwendigkeit der Philosophie für die Naturwissenschaft. In: Heidtmann, B. (Hrsg.): Dialektik, 1. Orientierungen der Philosophie. Köln: Pahl-Rugenstein Verlag 1980.

[25] Wahsner, R.: Das Verhältnis von Mathematik und Physik aus der Sicht von Denis Diderot. NTM. Schriftenreihe Gesch. d. Naturwiss. Techn. u. Med. **24** (1987) 13.

[26] Diderot, D.: Gedanken zur Interpretation der Natur. In: Denis Diderot. Philosophische Schriften Bd. I. Berlin: Aufbau-Verlag 1961.

[27] Diderot, D.: Kunst (Artikel aus der Enzyklopädie). In: Denis Diderot. Phil. Schr. Bd. I. A. a. O.

[28] Diderot, D.: Brief an Voltaire vom 19. 2. 1758. In: Denis Diderot. Philosophische Schriften. Bd. II. Berlin: Aufbau-Verlag 1961.

[29] Diderot, D.: Brief über die Blinden. In: Denis Diderot. Phil. Schr. Bd. I, A. a. O.

[30] Diderot, D.: D'Alemberts Traum. In: Denis Diderot. Phil. Schr. Bd. I. A. a. O.

[31] Diderot, D.: Zusammenhang (Artikel aus der Enzyklopädie). In: Denis Diderot. Phil. Schr. Bd. I. A. a. O.

[32] Diderot, D.: Philosophische Grundsätze über Materie und Bewegung. In: Denis Diderot. Phil. Schr. Bd. I. A. a. O.

Resümees

H.-H. v. Borzeszkowski

Quantisierung der Gravitation und Äquivalenzprinzip

Ausgehend von einer Diskussion des Verhältnisses von Quanten- und Relativitätstheorie werden Argumente dafür angegeben, daß die Quantisierung der Allgemeinen Relativitätstheorie bzw. das Gravitonenkonzept für starke und hochfrequente Gravitationsfelder keine physikalische Bedeutung hat. Dieses Resultat ist eine Folge des von der Allgemeinen Relativitätstheorie erfüllten starken Äquivalenzprinzips, welches mit dem Quantenprinzip nicht generell verträglich ist.

Quantization of Gravity and the Principle of Equivalence

Starting with a discussion of the relation between quantum and relativity theories there are given arguments showing that one cannot ascribe a physical meaning to quantization of General Relativity and to the conception of gravitons, respectively, for strong and high-frequent gravitational fields. This results from the fact that the strong principle of equivalence satisfied in General Relativity and the quantum principle are not generally compatible.

V. Müller

Zum Einfluß von Vakuumpolarisation und nicht-minimaler Kopplung auf die kosmologische Entwicklung

Es werden kosmologische Konsequenzen derjenigen Gleichungen, die Vakuumfluktuationen von Quantenfeldern als Quellterme der klassischen Einsteinschen Gravitationsgleichungen behandeln, mit kosmologischen Konsequenzen verglichen, die aus den Einsteinschen Gravitationsgleichungen mit nicht-minimaler Kopplung resultieren, wobei diese Kopplung durch Kreuzterme zwischen Energie- und Krümmungstensor beschrieben wird. Der renormierten Vakuumpolarisation entsprechen Feldgleichungen 4. Ordnung, die kosmologische Lösungen ohne Teilchenhorizont und mit Phasen eines exponentiell anwachsenden Skalenfaktors ergeben. Die Gleichungen mit Kreuztermen beschreiben eine Isotropisierung in der Frühphase der kosmologischen Entwicklung. Es wird ein Überblick über den globalen Lösungsverlauf für isotrope und anisotrope räumlich flache Modelle gegeben.

On the Influence of Vacuum Polarization and Non-minimal Coupling on the Cosmological Evolution

There are compared cosmological implications of those equations, which consider vacuum fluctuations of quantum fields as source terms in the classical Einstein gravitational equations, with those implications resulting from Einstein's gravitational equations with non-minimal coupling, where this coupling is described by cross terms between energy and curvature tensors. The renormalized vacuum polarization leads to field equations of 4th order with cosmological solutions having phases of an exponentially increasing scale factor and no particle horizon. The cross terms describe an isotropization during the early cosmological evolution. A description of the global behaviour of solutions is given for isotropic and anisotropic spatially flat models.

U. Kasper und H.-J. Schmidt

Über die Bedeutung von Skalarfeldern für die Kosmologie

Es werden verschiedene Aspekte von Skalarfeldern und ihrer Kopplungen an das Gravitationsfeld in Hinblick auf kosmologische Konsequenzen beleuchtet. Schwerpunkt ist ein kosmologisches Modell mit einem Higgs-Feld, dessen „improved" Energie-Impuls-Tensor Quelle des Gravitationsfeldes ist. Eine durch Parameter der „großen unitären" Theorien bestimmte große kosmologische Konstante ist Anlaß einer inflationären Phase. Der kosmologische Term wird für $t \to \infty$ durch den Energie-Impuls-Tensor des Higgs-Feldes im Grundzustand kompensiert.

On the Meaning of Scalar Fields for Cosmology

Different aspects of scalar fields and their couplings to the gravitational field are considered with regard to cosmological consequences. We are mainly interested in a cosmological model where the „improved" energy-momentum tensor of a Higgs field is the source of the gravitational field. A large cosmological constant given by parameters of GUTs drives an inflationary stage. For $t \to \infty$, the cosmological term is compensated by the energy-momentum tensor given by the stable ground state of the Higgs field.

S. Gottlöber

Ein singularitätsfreies kosmologisches Modell

Es wird die Entwicklung eines als Quantenfluktuation entstandenen geschlossenen Universums behandelt. Da die Expansionsgeschwindigkeit im Augenblick der Entstehung Null ist, muß die starke Energiebedingung verletzt werden. Ein massives Skalarfeld kann diesen Zustand realisieren und darüber hinaus die Vergrößerung des Universums von ursprünglich Planckschen auf makroskopische Dimensionen bewirken. Dies ist jedoch nur unter der Annahme eines homogenen Skalarfeldes möglich, während ein ortsabhängiges Skalarfeld, das nur im Mittel homogen ist, die starke Energiebedingung erfüllt.

A singularity-free cosmological model

The evolution of a closed universe created as quantum fluctuation is described. Since the expansion velocity is zero at the moment of nucleation the strong energy condition must be violated. A massive scalar field can realize this state. Moreover, it can effect the enlargement of the universe from initial Planck's up to macroscopic dimensions. This is only possible under the assumption of a homogeneous scalar field, whereas a scalar field depending on spatial coordinates and being homogeneous fulfils the strong energy condition only in the mean.

R. W. John

Zur Weltfunktion der Reißner-Weyl-Metrik bei verschwindendem Massenparameter

Die Weltfunktion der Reißner-Weyl-Raum-Zeit wird im masselosen Grenzfall und bei Einschränkung auf den zweidimensionalen Unterraum konstanter Winkelkoordinaten nach Lösung einer im Definitionsbereich erweiterten Kepler-Gleichung explizit angegeben. Sodann wird für die Weltfunktion der vierdimensionalen Raum-Zeit eine aus dem Unterraum hinausführende Potenzreihenentwicklung nach dem Quadrat des geodätischen Abstands auf der zweidimensionalen Einheitskugel angesetzt und für deren Koeffizienten mit $n \geqq 1$ ein rekursives System von linearen Transportgleichungen in zwei Variablen hergeleitet.

On the World Function of the Reißner-Weyl Metric for vanishing mass parameter

The world function of the Reißner-Weyl space-time is investigated in the limiting case of vanishing mass: restricting to the two-dimensional subspace of constant angular coordinates, after solving an extended Kepler equation it is explicitly obtained. Then, the world function of the four-dimensional space-time is expanded into powers of the square of the geodesic distance belonging to the two-dimensional unit sphere; a recursive system of linear transport equations in two variables is derived for the coefficients with $n \geqq 1$ of that expansion leading out of the subspace.

H. Fuchs

Ein Hamilton-Prinzip für Probekörper mit innerer Struktur

Die Bewegungsgleichungen für Probekörper mit innerer Struktur werden aus einem allgemeinen Hamilton-Prinzip abgeleitet. Dabei wird angenommen, daß die innere Struktur durch eine Menge geometrischer Objekte beschrieben werden kann, deren Transformationsgesetz für Koordinaten- und Eichtransformationen homogen ist. Die meisten der in der Literatur bekannten Hamilton-Zugänge für die Bewegungsgleichungen von Probekörpern sind Spezialfälle des hier verwandten Formalismus. Als Beispiel wird die Bewegung eines Teilchens betrachtet, das der Einwirkung eines Gravitationsfeldes und eines Yang-Mills-Higgs-Feldes unterliegt.

A Hamilton Principle for Test Particles with Internal Structure

The equations of motion for test particles with internal structure are derived from a general Hamilton principle. The internal structure of the particles is assumed to be described by sets of geometric objects which transform homogeneously both under coordinate and gauge transformations. Symmetry conditions for the external fields to get first integrals via the Noether theorem are formulated. Most of the Hamiltonian approaches to the equations of motion for test particles known in the literature are special cases of general formalism used here. As an example, the motion of a particle under the influence of a gravitational and a Yang-Mills-Higgs field is considered.

D.-E. Liebscher

Relativistische Feldtheorie und metrische Raumstruktur

Das relativistische Äquivalent der klassischen Induktion der Trägheit ist die Induktion der Kausalität. Die damit verbundenen Probleme der Konstruktion einer nicht-metrischen Alternative zur Allgemeinen Relativitätstheorie, die diese als Ergebnis einer klassischen Symmetriebrechung realisieren kann, werden diskutiert.

Relativistic Field Theory and Metric Space Structure
The induction of inertia considered in classical mechanics has a relativistic equivalent given by the induction of causality. The first problems are connected with the construction of a nonmetric field-theoretical alternative to Einstein's General Relativity Theory, yielding the latter by a classical symmetry breakdown.

U. Bleyer

Kausalstruktur und gestörte Lorentz-Invarianz
Die kosmologische Induktion der lokalen Kausalstruktur wird im allgemeinen auf Bewegungsgleichungen mit Abweichungen von der Lorentz-Invarianz führen. Am Beispiel der verallgemeinerten Dirac-Gleichung wird ein Modell für eine gestörte Lorentz-Invarianz entwickelt, und es werden physikalische Konsequenzen dieses Modells diskutiert.

Causal Structure and Disturbed Lorentz Invariance
Cosmological induction of local causal structure leads, in general, to equations of motion with deviations from Lorentz invariance. Using a modified Dirac equation a model of disturbed Lorentz invariance is developed and physical consequences are discussed.

J. Mücket

Zur Beziehung von statistischer Mechanik und Mach-Einstein-Doktrin
Auf der Grundlage der Trederschen Fassung des Machschen Prinzips, der sogenannten Mach-Einstein-Doktrin, werden die Voraussetzungen für eine statistisch-mechanische Beschreibung eines N-Teilchen-Gases untersucht. Die entsprechenden thermodynamischen Beziehungen werden abgeleitet. Infolge der allein durch die gravische Wechselwirkung induzierten Trägheit wird die Zustandsgleichung zum Teil wesentlich modifiziert. Die Untersuchung trägt zur Klärung der Frage bei, ob unter der Voraussetzung, daß — entsprechend der Mach-Einstein-Doktrin — das dynamische Verhalten des gesamten physikalischen Kosmos das lokale physikalische Geschehen signifikant beeinflußt, quasi-isolierte Untersysteme, die für die physikalische Modell- und Theorienbildung notwendig sind, behandelt werden können.

On the Relation between Statistical Mechanics and Mach-Einstein Doctrine
On the basis of Treder's formulation of Mach's principle, the so-called Mach-Einstein doctrine, the premises for a statistical-mechanical description of a gas is investigated. The corresponding thermodynamical relations will be derived. Because of the induction of inertia exclusively by means of the gravitational interaction between the particles, the equation of state is, in part, modified essentially. This consideration helps to answer the question whether under the presupposition that, according to the Mach-Einstein doctrine, the dynamical behaviour of the whole physical cosmos significantly

influences the local physical processes quasi-isolated subsystems, one has to require for the construction of physical modells and theories, can be described.

E. Kreisel

Das Singularitätenproblem in der Hermite-symmetrischen Relativitätstheorie

Es wird eine Klasse von Lösungen der Hermite-symmetrischen, unitären Feldtheorie von Einstein und Schrödinger diskutiert und gezeigt, daß die diesen Lösungen entsprechenden Punktsingularitäten der Einstein-Schrödingerschen Gleichungen als Quarkladungen und elektrische Ladungen interpretiert werden können. Die Lagrange-Funktion für die Hermite-symmetrische Erweiterung der Feldgleichungen mit elektrischen Strömen wird angegeben. Die Resultate legen die Vermutung nahe, daß man zu den singularitätsfreien Einstein-Schrödinger-Gleichungen zurückkehren kann, wenn man Mannigfaltigkeiten mit Wurmloch-Topologie zugrunde legt. Die Quarkladungen und die elektrischen Ladungen wären dann automatisch durch die nicht-trivial geschlossenen Anteile in $\mathcal{R}^{D\underset{\vee}{\mu\nu}}$ bzw. $g^{\underset{\vee}{\mu\nu}}$ gegeben.

The Problem of Singularities in the Hermite-Symmetric Theory of Relativity

It is discussed a class of solutions of the Hermite-symmetric unitary field theory of Einstein and Schrödinger and shown that the point singularities of the Einstein-Schrödinger equations corresponding to these solutions can be interpreted as quark and electric charges. The Lagrangian for the Hermite-symmetric extension of field equations with electric currents is given. The results signal that it should be possible to return to the singularity-free equations of Einstein and Schrödinger if one works on manifolds with wormhole-topology. The quark charges and the electric charges were given then automatically by the non-trivially closed parts of $\mathcal{R}^{D\underset{\vee}{\mu\nu}}$ respectively $g^{\underset{\vee}{\mu\nu}}$.

R. Wahsner

Eigenschaft und Verhalten — Zur Beziehung von Mathematik und Physik

Vermittels einer Analyse des d'Alembertschen und des Diderotschen Physikbegriffs wird gezeigt, daß die französische Aufklärung, indem sie die Bewegung nur als Eigenschaft und nicht als Verhalten der Körper bestimmt, den kategorialen Status der Physik auf den der Mathematik reduziert. Dieser epistemologische Fehler wird auch als das philosophische Hindernis der modernen Diskussion zum Verhältnis von Mathematik und Physik nachgewiesen, eine Tatsache, die auch in Schwierigkeiten bei der Realisierung von physikalischen Unitarisierungs- und Quantisierungsprogrammen ihren Niederschlag findet.

Property and Behaviour — On the Relation of Mathematics to Physics

In considering d'Alembert's and Diderot's concept of physics it is shown that French Enlightenment, determining motion only as property and not as behaviour of bodies, reduces the categorial status of physics to that one of mathematics. This epistemological error is proven to be also the philosophical hindrance of modern discussions on the relation between mathematics and physics, a fact which is also reflected by the difficulties one meets in realizing physical unification and quantization programs.

Autoren

BLEYER, ULRICH: Dr. rer. nat., Einstein-Laboratorium für Theoretische Physik der AdW der DDR

v. BORZESZKOWSKI, HORST-HEINO: Prof. Dr. sc. nat., Einstein-Laboratorium für Theoretische Physik der AdW der DDR

FUCHS, HELMUT: Dr. sc. nat., Zentralinstitut für Astrophysik der AdW der DDR

GOTTLÖBER, STEFAN: Dr. rer. nat., Zentralinstitut für Astrophysik der AdW der DDR

JOHN, REINER W.: Dr. sc. nat., Zentralinstitut für Astrophysik der AdW der DDR (seit 1. 3. 1987 Zentralinstitut für Optik und Spektroskopie der AdW der DDR, Rudower Chaussee 6, Berlin 1199)

KASPER, UWE: Dr. sc. nat., Zentralinstitut für Astrophysik der AdW der DDR

KREISEL, ECKHARD: Prof. Dr. sc. nat., Einstein-Laboratorium für Theoretische Physik der AdW der DDR

LIEBSCHER, DIERCK-EKKEHARD: Prof. Dr. sc. nat., Zentralinstitut für Astrophysik der AdW der DDR

MÜCKET, JAN P.: Dr. rer. nat., Zentralinstitut für Astrophysik der AdW der DDR

MÜLLER, VOLKER: Dr. rer. nat., Zentralinstitut für Astrophysik der AdW der DDR

WAHSNER, RENATE: Prof. Dr. sc. phil., Einstein-Laboratorium für Theoretische Physik der AdW der DDR

Anschrift der beiden Institute:
Rosa-Luxemburg-Str. 17a
Potsdam-Babelsberg
1590
DDR

ISBN 3-05-500417-5

Erschienen im Akademie-Verlag Berlin, DDR - 1086 Berlin, Leipziger Straße 3—4

Lizenznummer: 202 · 100/426/88
Printed in the German Democratic Republic
Gesamtherstellung: VEB Druckhaus „Maxim Gorki", Altenburg
Lektor: Dipl.-Phys. Ursula Heilmann
Einbandgestaltung: Sirko Wahsner
LSV 1115
Bestellnummer: 763 754 3 (9078)
03200